荧光纳米材料在环境分析检测中的应用

王素华　孙明泰　邱　兵　著

中国矿业大学出版社
·徐州·

内 容 简 介

本书主要介绍了荧光纳米材料种类、组成、结构、表征、物理化学特性、合成制备方法及其在分析检测中的应用研究进展。特别针对近年来环境中备受关注的多种污染物，如重金属离子、农药残留、空气污染、抗生素、爆炸物、放射性核素污染等，总结整理先进的分析方法和技术。

本书可作为相关专业的研究生、本科生的教材或参考书。

图书在版编目(CIP)数据

荧光纳米材料在环境分析检测中的应用 / 王素华，孙明泰，邱兵著. — 徐州 ：中国矿业大学出版社，2022.11

ISBN 978-7-5646-5580-8

Ⅰ. ①荧… Ⅱ. ①王… ②孙… ③邱… Ⅲ. ①荧光－纳米材料－应用－环境分析化学②荧光－纳米材料－应用－环境监测 Ⅳ. ①X132②X8

中国版本图书馆 CIP 数据核字(2022)第 207013 号

书　　名　荧光纳米材料在环境分析检测中的应用
著　　者　王素华　孙明泰　邱　兵
责任编辑　杨　洋
出版发行　中国矿业大学出版社有限责任公司
　　　　　　(江苏省徐州市解放南路　邮编 221008)
营销热线　(0516)83885370　83884103
出版服务　(0516)83995789　83884920
网　　址　http://www.cumtp.com　**E-mail**:cumtpvip@cumtp.com
印　　刷　徐州中矿大印发科技有限公司
开　　本　787 mm×1092 mm　1/16　**印张** 9　**字数** 230 千字
版次印次　2022 年 11 月第 1 版　2022 年 11 月第 1 次印刷
定　　价　52.00 元

前　言

伴随着全球经济的迅速发展，工业和社会生产水平突飞猛进，为人们提供清洁的水、食物和能源已经成为挑战。据估计，到2030年，需要增加30%的水、40%的食物和50%的能源。为了获得大量的资源，采用基于提取、利用和处置过程的线性生产方法，会造成土壤、水和大气污染问题。环境污染及其产生的影响（如气候变化）是国际社会关注的重大问题，也是各国政治和经济议程上的重点。联合国在其可持续发展目标（SDGs）范围内制定了指导方针，以期在可持续发展、气候变化、可持续能源生产等方面带来积极变化。

为提高农业生产力而使用的杀虫剂污染了水源，基本卫生设施受到威胁；矿业活动，造成重金属污染；所谓的新兴污染物，其来源很多，主要来自城市。接触不同类型的杀虫剂会造成各种疾病，包括淋巴瘤（霍奇金淋巴瘤）、帕金森病、癌症、生殖系统和内分泌系统疾病。急性接触不同的污染物质也会对人体的内分泌系统产生影响，该类物质包括个人卫生用品、家庭清洁用品、化妆品添加剂、防晒霜、塑料工业用品和药物残留等。这些化合物尤其难以检测，因为其浓度非常低，这对当前的分析系统来说是一个挑战。同时，重金属分布在水源中，特别是在开采程度较高的贫穷或不发达国家。重金属不能被降解或破坏，但可以通过物理化学试剂或在环境条件下溶解或沉淀。其中一些形成可溶性复合物，并被运输和分配到生态系统，直到它们被纳入食物链。除了某些物质的急性影响外，所有上述污染物还都对人类健康和生态系统构成风险，因为它们有可能通过生物积累产生慢性影响。针对水体中污染物质的快速检测分析方法的研究和开发具有重要的意义。

随着社会经济的发展，燃煤废气和机动车尾气大量排放，工业生产以及室内装修会产生大量气体污染物，这些污染物还会发生二次化学反应转化成雾霾、酸雨以及光化学烟雾，不仅会对生态环境造成破坏，还能通过呼吸侵入人体肺部，对肺组织产生强烈的刺激和腐蚀作用，引起肺部炎症，还会危害人体的中枢神经系统和血液循环系统。除了大气环境监测的常用气体指标污染物以外，工业废气排放的硫化氢（H_2S）和室内排放的甲醛（HCHO），也是严重危害环境和健康的气体污染物。为了降低气体污染物的排放量，在国家推出有效“限排降排”政策的同时，可靠有效的检测手段也是必不可少的。因此，迫切需要发展环境中，特别是水和空气中，污染物的高灵敏检测分析方法。

近年来，随着纳米技术的快速发展，纳米材料的制备和应用一直处于科学研究前沿，并且吸引了很多科研工作者在环境分析化学和生物标记检测方面开展研究。需要注意的是，用于环境分析的传统仪器、方法有很多，包括分光光度法、原子吸收光谱法、溶出伏安法、电感耦合等离子体原子发射光谱法、高效液相色谱法、离子选择电极(ISE)、火焰光度法等。相对于这些仪器方法，荧光纳米传感技术具有简单、快速、灵敏、高选择性、使用廉价仪器和节省时间等优点。此外，使用这种方法可以对目标化合物进行直接的非侵入性现场测定。因此，荧光分析法因其灵敏度高、响应时间短、设备简单，而能满足环境分析检测的需要。通过将荧光与纳米材料结合起来，发展出一种新研究领域，即荧光纳米材料。与传统有机荧光染料相比，这些荧光纳米材料，如量子点、金团簇、发光氧化石墨烯，具有极高的荧光量子产率和复杂的表面化学组成，这为构建环境污染物分析传感提供了材料和应用基础。

目前，关于荧光纳米材料的开发及用于环境污染物分析检测的研究仍然处于快速发展阶段，对于从事相关科学研究的专业人员和初入该领域学习的学生而言，缺乏阐述该领域基本的理论知识和实验方法的相关文献。我们长期从事荧光纳米材料的开发和环境污染物分析的应用研究，积累了丰富的基础科学研究经验以及理论资料。本书主要介绍了荧光纳米材料的物理化学特性、合成制备方法以及其在环境污染物分析检测领域的研究进展，希望能够为从事相关研究的学者和高等院校的本科生、研究生提供理论借鉴和实验指导。

本书的出版，感谢国家自然科学基金(U21A20290，22176044)以及广东石油化工学院科研基金项目(2019rc056，2019rc057)给予的支持。

由于我们水平有限，书中难免有不当或疏漏之处，敬请同行和读者批评指正。

著　者

2022年4月

目　录

第 1 章　荧光纳米材料概述

1.1　荧光纳米材料特性

纳米材料通常被定义为“含有聚集或非聚集状态粒子的天然、偶然或人造材料，其中至少 50％的这些粒子的尺寸在 1 nm 到 100 nm 之间”。近年来，纳米材料因其所具有的独特的电子、光学、催化和磁性等特性引起了人们的广泛关注。由于还具有很高的稳定性、灵敏度和尺寸依赖性等光学性质，纳米材料被应用于多个领域，包括传感、药物传递系统、催化、气体/能量存储、吸附等[1-3]。由于具有这种广泛的适用性，基于纳米技术的传感应用得到广泛研究和发展。

荧光传感器在检测污染物方面具有高灵敏度和特异性[4]，展现出很大的应用潜力。纳米荧光传感器的发展目标是利用纳米材料的荧光特性进行功能修饰，实现对目标污染物质的高效灵敏检测。荧光纳米材料为开发低成本、便携式荧光器件提供了一种有趣的方法[3]。金属纳米粒子（NP）、多壁碳纳米管（MWCNT）、石墨烯（G）、氧化石墨烯（GO）、量子点（QD）、碳量子点（CD）、纳米片和金属有机骨架（MOFs）由于具有较高的表面积体积比和优良的物理化学性能等优点，其广泛应用可以显著提高光学传感器的性能。同时，纳米材料所具有的独特的光电特性，可以以较低的成本开发复杂的系统，用于同时检测多种分析物。荧光纳米材料的功能化增强了它们与特定目标分析物之间的结合亲和力。此外，功能化荧光纳米材料由于具有多孔结构、大表面积、高负载能力以及与分析物的特异性相互作用，在许多传感应用中具有优势。此外，功能化纳米材料通过在其表面修饰稳定剂，如生物分子、阳离子表面活性剂、阴离子表面活性剂或有机分子，可以显著提高其在水溶液中的稳定性。除了保护其发光特性外，纳米粒子的可控表面修饰进一步赋予其目标特异性传感能力。荧光功能纳米材料的研究推动了新型污染物的提取、浓缩和分析以及新设备的发展。荧光纳米材料不仅在环境领域，还在材料科学和生物医学领域都具有广泛的影响和重要的应用，是目前荧光传感器开发方面的重要研究热点。

1.2　荧光纳米材料种类

1.2.1　半导体量子点

半导体量子点（quantum dots），有时也称为半导体纳米粒子（semi-conductor nanoparticles）或纳米晶（nanocrystals）。顾名思义，量子点就是将材料的尺寸约束在三维空间，并达到一定的临界尺寸（抽象成一个点）后，材料的行为将具有量子特性，而结构和性质也随之发生从宏观到微观的转变[5]。关于量子点材料的研究涉及物理、化学、材料科学及电子工程学等学科，除半导体量子点外，还有金属和其他物质的量子点。因此，除特殊说明外，本书中所提及的量子点均指半导体量子点。

量子点是半径小于或接近激子玻尔半径的一类半导体纳米粒子，其特殊的结构使其具有独特的光学性质，表现为宽的激发光谱、窄的发射光谱、可精确调控的发射波长、不易光漂白等优越的荧光特性，是一类理想的荧光探针。20 世纪 70 年代，人们刚发现量子点时，量子点的应用仅局限于光电材料和微电子领域。1998 年，M. Bruchez 等[6]和 W. C. Chan 等[7]分别攻克了以量子点作为生物探针与生物之间相容性问题的难关，使量子点作为荧光探针标记生物大分子的分析成为现实，首次将量子点用于生物分析。近些年，具有独特荧光特性的量子点在生物化学、分子生物学、基因组学、蛋白质组学、生物分子相互作用等研究领域已得到广泛应用，并迅速成为国内外研究的焦点[8-29]。越来越多的学者开始对量子点产生兴趣。

量子点荧光分析已经被发展应用于金属离子、非金属离子和小分子化合物的检测中[30]。但由于制备粒径分布均一的水溶性量子点比较困难，同时，关于被测物淬灭量子点荧光机理的观点存在分歧等原因，量子点荧光分析法用于化学分析还不够广泛。近年来，将量子点作为荧光探针用于传感分析的研究正在逐年增加，同时对于量子点的制备以及表面改性技术也在逐步完善，理论逐渐成熟。这都将会使量子点荧光分析的选择性与检测能力有更大的提高。随着量子点用于化学分析的潜能开始被更多的学者所认识，量子点作为光学传感器的分析方法将会得到更广泛的应用。

量子点(QDs)可以定义为零维半导体晶体，其荧光性质取决于其尺寸和组成。这种材料的激发光谱宽，发射频带窄，荧光发射强度高，已被证明优于传统的荧光化合物。量子点的光致发光特性和表面性质决定了其在光学传感器中的应用。当与分析物相互作用时，通常由待测分析物介导，导致荧光发射的增加(打开)或淬灭(关闭)现象。然而，量子点在某些系统中仍然具有毒性，因为它们大多数是由镉等重金属制成的，导致体外毒性，从而限制了它们的实际应用。近年来，一些关于含银、铟、碳和硅量子点的研究显示出了良好的生物相容性，展现出良好的发展和应用前景。

1.2.2 碳量子点

碳纳米材料，如纳米金刚石、富勒烯、碳纳米管、石墨烯片和荧光碳纳米颗粒或碳量子点，具有独特的性质，其在各种技术应用中展现出了巨大的潜力，激发了学者们对它们的广泛研究。碳量子点(carbon dots，CDs)是零维准球形纳米粒子，主要由碳和氧组成，尺寸通常在 10 nm 以下[31-32]。

2004 年，X. Y. Xu 等[33]在单壁碳纳米管(SWCNT)的分离和纯化过程中意外发现了碳量子点，这引发了后续研究，以开发碳量子点的荧光特性，并发展了一类新的荧光纳米材料。荧光碳纳米颗粒于 2006 年被 Y. P. Sun 等命名为“碳量子点”[34]。他们提出了一种合成路线，通过表面钝化产生荧光发射大幅度增强的碳量子点。碳量子点由两条路线合成，即自上而下的路线[34-36]和自下而上的路线[37-38]。碳量子点通常是准球形纳米颗粒，由非晶到纳米晶核组成，主要由石墨或涡轮层碳(sp^2 碳)或石墨烯和石墨烯氧化物片组成，由类金刚石 sp^3 杂化碳插入物熔融而成[38-40]。氧化碳量子点的表面含有大量羧基部分。根据合成路线，氧化碳量子点中的含氧量(质量)在5%到50%之间。碳量子点表面有许多羧基,这些羧基赋予碳量子点优异的水溶性和合适的化学反应基团,用于进一步功能化和表面钝化,使用各种有机物、聚合物、无机物或生物材料对碳量子点进行表面钝化。表面钝化后碳量子点的荧光性能增强。表面功能化也会改变它们的物理性质,比如在水性和非水性溶剂中的溶解度。

在碳量子点的电子和物理化学特性中,其光学性质和荧光发射近年来引起了越来越多的关注。多年来,半导体量子点因其强大且可调谐的荧光发射特性而被广泛研究,这使得其在生物传感和生物成像中的应用成为可能。然而,半导体量子点具有一定的局限性,例如由于在其生产中使用重金属而具有高毒性[41-42]。众所周知,即使在相对较低的水平下,重金属也具有剧毒性,这可能被证明是任何临床研究都是禁止的。由于碳量子点不涉及金属元素的使用,所以该材料毒性很低,有很好的生物相容性,并且与传统量子点具有相似的荧光性质,同时它们的原料来源广泛,廉价易得,合成更容易。作为一种新兴的荧光纳米材料,碳量子点在化学传感、生物传感、生物成像、药物传递、光动力治疗、光催化和电催化等领域显示出巨大的应用潜力。与传统半导体量子点相比,CQD的独特属性,例如其良性的化学组成、可调谐的荧光发射、易功能化以及优异的物理化学和光化学稳定性(非光漂白或非光闪烁),使其在技术应用中非常具有吸引力。加上其他优势,如低成本和易合成[43],碳量子点在实现前所未有的性能方面处于有利地位。另外,它们的分离、纯化和功能化过程复杂,量子产率普遍较低,几何结构、组成和结构不明确,这些都是它们在生物成像、生物传感和纳米医学等领域真正超越半导体量子点之前需要解决的问题。

1.2.3　金属纳米团簇

金属纳米团簇(NCs)由约100个以内的原子组成,是一种新型的发光纳米材料,最近引起了人们的极大兴趣。金属纳米团簇的直径通常小于2 nm,其性质使其介于孤立原子和较大的纳米颗粒甚至大块贵金属之间。对于接近电子费米波长的NC维度,连续的态密度分解为离散的能级,导致团簇与纳米颗粒相比,其光学性质、电学性质和化学性质存在显著差异。一个显著的特点是它们的强光致发光,并且具有良好的光稳定性、大的斯托克斯位移和高发射率。现在研究较多的主要有金团簇、银团簇以及铜团簇等。金团簇(AuNCs)是一种新型的荧光纳米材料,通常AuNCs的尺寸小于2 nm,并且典型的由几个到几百个金原子组成。AuNCs区别于其他金纳米颗粒(AuNPs)在于它们具有很强的荧光、大的斯托克位移和高发光效率。团簇是一种将贵金属原子和纳米颗粒相结合的材料,作为桥梁,AuNCs连接了原子级和纳米级尺度,具有类分子的光物理性能,比表面积大,容易进行表面处理,以及荧光稳定性。AuNCs有很多优点,包括相对简单的合成过程,良好的水溶性、低毒性、生物相容性、表面修饰,因此它们在理论研究和实际应用方面具有很大的潜在应用价值。近几年来,一些出色的工作报道了金属团簇的合成、性质以及生物应用。其中,金属团簇的荧光光谱的理论阐述已有所介绍,并且巯基-AuNCs的结构、电子、光学、磁性性能已有讨论。而AuNCs的光学性质取决于它们的尺寸、表面配体或模板以及周围介质。因此,人们研究这些性质,并将其发展成为灵敏、有选择性的检测和成像体系,从而用于检测各种分析物。

由于AgNCs所具有的特殊的光学、电学和抗菌特性,纳米级的不同形状和尺寸的AgNCs有多种应用。一般来说,AgNCs是使用湿化学策略获得的,如化学还原、溶剂热、电化学、多元醇、声化学、微波、溶胶-凝胶、微乳液和许多其他技术。各种稳定剂,例如二硫苏糖醇、聚乙烯醇(PVA)、淀粉、柠檬酸三钠、十六烷基三甲基溴化铵(CTAB)和同型半胱氨酸,已被广泛用于控制 NCs 的形状和大小。还原剂,如柠檬酸三钠、抗坏血酸、硼氢化钠($NaBH_4$)、托伦试剂、N,N-2 甲基甲酰胺、聚乙二醇和嵌段共聚物,通常用于将 Ag(I)还原为金属银(Ag^0)[44-45]。

CuNCs 是通过硫酸铜($CuSO_4 \cdot 5H_2O$)、醋酸铜[$(CH_3COO)_2Cu$]、氯化铜($CuCl_2$)等在还原剂(如 $NaBH_4$、抗坏血酸、柠檬酸三钠、葡萄糖、联氨和 1,2－十六二醇)存在下还原而成的。与其他贵金属纳米粒子相比,CuNCs 无毒且价格低廉,因此在电子、生物医学和催化领域具有潜在的应用前景。在制备 CuNCs 过程中的主要困难是在纳米材料表面形成氧化层[44,46]。

1.2.4 石墨烯

石墨烯(G)是荧光传感器领域最重要的纳米材料之一。它是一种碳的二维(2D)同素异形体,主要由单原子厚的碳原子平板组成,由 sp^2 杂化键合而成。基于这种结构,石墨烯在室温下具有高导电性和电子迁移率,使得其具有卓越的电学、光学、热学和电化学性能[47]。对石墨烯的研究使得由这种材料合成衍生物成为可能,特别是在光学和传感器领域具有有趣的应用。当碳源为石墨时,可获得氧化石墨烯(GO)或还原氧化石墨烯(GO)。非氧化石墨烯或还原氧化石墨烯是光致发光材料,而且可以通过化学修饰诱导产生足够的带隙[48]。氧化石墨烯和还原氧化石墨烯也可以作为合成荧光材料(如碳量子点或纳米纤维)的起始材料。

氧化石墨烯(GO),是一个 sp^2 与 sp^3 结合原子组成的 2D 网络结构,其中,大部分(50%～60%)碳是 sp^3 杂化并与环氧基、羟基中的氧共价结合,剩下的碳原子是 sp^2 杂化并且要么与相邻碳原子键合,要么与羧基、羰基结合,在石墨烯边缘中占主导。由于碳 sp^2 群的存在,离域 e-h 电子对非辐射成对再结合有可能发生,从而成为荧光中心或发色团,导致 GO 有很微弱的荧光,但紫外灯下看不见。然而,通过亲核反应,烷胺与环氧基、羧基反应,从而除去非辐射再结合位点,促使 GO 转化为高效发射体。这种高效荧光 GO 在电子学、生物标记、生物成像方面具有非常大的潜在的应用价值,这致使人们对其产生浓厚的研究兴趣。

1.2.5 其他荧光纳米材料

近年来,新型二维纳米结构材料引起了各领域研究人员的关注。这些材料通常被称为纳米片或薄膜。这些纳米片具有相对较大的横向尺寸和原子尺寸厚度。与三维材料相比,二维纳米材料具有较高的比表面积,其光电特性本质上取决于尺寸、形状和层数。目前有几种无机固体材料可以通过剥离过程获得纳米片,如过渡金属二氧化物(TMDC)、金属氧化物(TOM)、金属氢氧化物、金属碳化物、MXenes、层状沸石、六方氮化硼和有机金属骨架(MOF)等[49]。二维平面上薄层原子以共价键结合,相邻层原子以弱相互作用结合,这种结构提供了很高的反应灵活性[50]。其中,有机金属骨架(MOFs),也被称为多孔配位聚合物,是一类由有机分子连接的金属离子或氧化物(称为节点网络)组成的纳米材料。MOFs 是一类具有二维或三维结构的材料,由于其具有较大的表面积、高孔隙率和热稳定性,在过去的十年中受到了人们的广泛关注[51]。首先,MOF 具有高孔隙率、低密度、超高比表面积、功能性强、尺寸可调控性强等特点。MOF 的一个独特优势是:框架可以通过模块化自组装过程进行设计，该过程包含各种金属离子/簇和具有不同功能的有机连接物。此外，由于有机会进行合成后修饰(PSM)，MOF 库可能更加多样化。其次，MOF 的一个显著特征是高结构可调性，被大量用作高效膜层，并被研究用于气体分离/储存。MOF 选择性气体渗透是改善化学电阻传感器选择性不足的有效途径。最后，MOF 衍生物基本上可以保持 MOF 的多孔性和独特结构。同时，由于 MOF 的结构和组成的高度可调性，衍生的纳米材料多种多样，这有助于创造新的气敏材料和结构。近年来，MOFs 已被用于对环境影响的多种污染物的分析检测和定量测定[52]。

参考文献

[1] WALEKAR L, DUTTA T, KUMAR P, et al. Functionalized fluorescent nanomaterials for sensing pollutants in the environment: a critical review[J]. Trends in analytical chemistry, 2017, 97: 458-467.

[2] ISABEL M, GAVIRIA A, CANO J B, et al. Nanomaterial-based fluorescent biosensors for monitoring environmental pollutants: a critical review[J]. Talanta open, 2020, 2: 100006.

[3] PATEL S, JAMUNKAR R, SINHA D, et al. Recent development in nanomaterials fabricated paper-based colorimetric and fluorescent sensors: a review[J]. Trends in environmental analytical chemistry, 2021, 31: e00136.

[4] MEHTA V N, DESAI M L, BASU H, et al. Recent developments on fluorescent hybrid nanomaterials for metal ions sensing and bioimaging applications: a review[J]. Journal of molecular liquids, 2021, 333: 115950.

[5] ALIVISATOS A P. Semiconductor clusters, nanocrystals, and quantum dots[J]. Science, 1996, 271(5251): 933-937.

[6] BRUCHEZ M, MORONNE M, GIN P, et al. Semiconductor nanocrystals as fluorescent biological labels[J]. Science, 1998, 281(5385): 2013-2016.

[7] CHAN W C, NIE S. Quantum dot bioconjugates for ultrasensitive nonisotopic detection[J]. Science, 1998, 281(5385): 2016-2018.

[8] YU W W, CHANG E, DREZEK R, et al. Water-soluble quantum dots for biomedical applications[J]. Biochemical and biophysical research communications, 2006, 348(3): 781-786.

[9] SHARMA P, BROWN S, WALTER G, et al. Nanoparticles for bioimaging[J]. Advances in colloid and interface Science, 2006, 123/124/125/126: 471-485.

[10] ALIVISATOS A P, GU W W, LARABELL C. Quantum dots as cellular probes[J]. Annual review of biomedical engineering, 2005, 7: 55-76.

[11] PARAK W J, PELLEGRINO T, PLANK C. Labelling of cells with quantum dots[J]. Nanotechnology, 2005, 16(2): R9-R25.

[12] CHAN W C W, MAXWELL D J, GAO X H, et al. Luminescent quantum dots for multiplexed biological detection and imaging[J]. Current opinion in biotechnology,

2002,13(1):40-46.

[13] SUTHERLAND A J. Quantum dots as luminescent probes in biological systems[J]. Current opinion in solid state and materials science,2002,6(4):365-370.

[14] MICHALET X,PINAUD F,LACOSTE T D,et al. Properties of fluorescent semiconductor nanocrystals and their application to biological labeling[J]. Single molecules, 2001,2(4):261-276.

[15] GAO X H,NIE S M. Molecular profiling of single cells and tissue specimens with quantum dots[J]. Trends in biotechnology,2003,21(9):371-373.

[16] PARAK W J,GERION D,PELLEGRINO T,et al. Biological applications of colloidal nanocrystals[J]. Nanotechnology,2003,14(7):15-27.

[17] KLOSTRANEC J M,CHAN W C W. Quantum dots in biological and biomedical research: recent progress and present challenges[J]. Advanced materials, 2006, 18(15):1953-1964.

[18] BAILEY R E,SMITH A M,NIE S M. Quantum dots in biology and medicine[J]. Physica E:low-dimensional systems and nanostructures,2004,25(1):1-12.

[19] SMITH A M, DAVE S, NIE S M, et al. Multicolor quantum dots for molecular diagnostics of cancer[J]. Expert review of molecular diagnostics,2006,6(2):231-244.

[20] SMITH A M,RUAN G,RHYNER M N,et al. Engineering luminescent quantum dots for in vivo molecular and cellular imaging[J]. Annals of biomedical engineering, 2006,34(1):3-14.

[21] GAO X H,YANG L,PETROS J A,et al. In vivo molecular and cellular imaging with quantum dots[J]. Current opinion in biotechnology,2005,16(1):63-72.

[22] ALIVISATOS P. Colloidal quantum dots. From scaling laws to biological applications [J]. Pure and applied chemistry,2000,72(1/2):3-9.

[23] JAISWAL J K,SIMON S M. Potentials and pitfalls of fluorescent quantum dots for biological imaging[J]. Trends in cell biology,2004,14(9):497-504.

[24] SO M K,XU C J,LOENING A M,et al. Self-illuminating quantum dot conjugates for in vivo imaging[J]. Nature biotechnology,2006,24(3):339-343.

[25] EVANKO D. Bioluminescent quantum dots[J]. Nature methods,2006,3(4):240.

[26] GOLDMAN E R,MEDINTZ I L,MATTOUSSI H. Luminescent quantum dots in immunoassays[J]. Analytical and bioanalytical chemistry,2006,384(3):560-563.

[27] JAMIESON T,BAKHSHI R,PETROVA D,et al. Biological applications of quantum dots[J]. Biomaterials,2007,28(31):4717-4732.

[28] SAPSFORD K,PONS T,MEDINTZ I,et al. Biosensing with luminescent semiconductor quantum dots[J]. Sensors,2006,6(8):925-953.

[29] MICHALET X,PINAUD F F,BENTOLILA L A,et al. Quantum dots for live cells, in vivo imaging,and diagnostics[J]. Science,2005,307(5709):538-544.

[30] GALIAN R E,DE LA GUARDIA M. The use of quantum dots in organic chemistry [J]. Trends in analytical chemistry,2009,28(3):279-291.

[31] CAMPUZANO S, YÁÑEZ-SEDEÑO P, PINGARRÓN J M. Carbon dots and graphene quantum dots in electrochemical biosensing[J]. Nanomaterials, 2019, 9(4):634.

[32] PLÁCIDO J, BUSTAMANTE-LÓPEZ S, MEISSNER K E, et al. Microalgae biochar-derived carbon dots and their application in heavy metal sensing in aqueous systems [J]. Science of the total environment, 2019, 656:531-539.

[33] XU X Y, RAY R, GU Y L, et al. Electrophoretic analysis and purification of fluorescent single-walled carbon nanotube fragments[J]. Journal of the American chemical society, 2004, 126(40):12736-12737.

[34] SUN Y P, ZHOU B, LIN Y, et al. Quantum-sized carbon dots for bright and colorful photoluminescence[J]. Journal of the American chemical society, 2006, 128(24):7756-7757.

[35] ZHENG L Y, CHI Y W, DONG Y Q, et al. Electrochemiluminescence of water-soluble carbon nanocrystals released electrochemically from graphite[J]. Journal of the American chemical society, 2009, 131(13):4564-4565.

[36] LI X Y, WANG H Q, SHIMIZU Y, et al. Preparation of carbon quantum dots with tunable photoluminescence by rapid laser passivation in ordinary organic solvents[J]. Chemical communications, 2011, 47(3):932-934.

[37] LIU H P, YE T, MAO C D. Fluorescent carbon nanoparticles derived from candle soot[J]. Angewandte chemie (international ed in english), 2007, 46(34):6473-6475.

[38] WANG X H, QU K G, XU B L, et al. Microwave assisted one-step green synthesis of cell-permeable multicolor photoluminescent carbon dots without surface passivation reagents[J]. Journal of materials chemistry, 2011, 21(8):2445-2450.

[39] DEMCHENKO A P, DEKALIUK M O. Novel fluorescent carbonic nanomaterials for sensing and imaging [J]. Methods and applications in fluorescence, 2013, 1(4):042001.

[40] WANG F, PANG S P, WANG L, et al. One-step synthesis of highly luminescent carbon dots in noncoordinating solvents[J]. Chemistry of materials, 2010, 22(16):4528-4530.

[41] CAO L, WANG X, MEZIANI M J, et al. Carbon dots for multiphoton bioimaging[J]. Journal of the American chemical society, 2007, 129(37):11318-11319.

[42] LIU R L, WU D Q, LIU S H, et al. An aqueous route to multicolor photoluminescent carbon dots using silica spheres as carriers[J]. Angewandte chemie international edition, 2009, 48(25):4598-4601.

[43] YE R Q, XIANG C S, LIN J, et al. Coal as an abundant source of graphene quantum dots[J]. Nature communications, 2013, 4:2943.

[44] SHARMA A, SHRIVAS K, TAPADIA K, et al. Application of nanoparticles as a chemical sensor for analysis of environmental samples [M]//Green Sustainable Process for Chemical and Environmental Engineering and Science. Amsterdam:

Elsevier,2021:257-277.

[45] ALI YAQOOB A, UMAR K, IBRAHIM M N M. Silver nanoparticles: various methods of synthesis, size affecting factors and their potential applications-a review [J]. Applied nanoscience,2020,10(5):1369-1378.

[46] MOTT D, GALKOWSKI J, WANG L Y, et al. Synthesis of size-controlled and shaped copper nanoparticles[J]. Langmuir,2007,23(10):5740-5745.

[47] DELLA PELLE F, COMPAGNONE D. Nanomaterial-based sensing and biosensing of phenolic compounds and related antioxidant capacity in food [J]. Sensors, 2018,18(2):462.

[48] SINGH V, JOUNG D, ZHAI L, et al. Graphene based materials: past, present and future[J]. Progress in materials science,2011,56(8):1178-1271.

[49] WU S Y, MIN H, SHI W, et al. Multicenter metal-organic framework-based ratiometric fluorescent sensors[J]. Advanced materials,2020,32(3):35-40.

[50] AZADMANJIRI J, SRIVASTAVA V K, KUMAR P, et al. Graphene-Supported 2D transition metal dichalcogenide van der waals heterostructures[J]. Applied materials today,2020,19:100600.

[51] RODENAS T, LUZ I, PRIETO G, et al. Metal-organic framework nanosheets in polymer composite materials for gas separation[J]. Nature materials,2015,14(1):48-55.

[52] ZHANG R, LU L H, CHANG Y Y, et al. Gas sensing based on metal-organic frameworks: concepts, functions, and developments [J]. Journal of hazardous materials, 2022,429:128321.

第2章　荧光分析法

2.1　荧光的原理

当一束光通过一种物质时，物质的能级结构将会以多种形式重新排列。一部分光被物质吸收，一部分光将会被反射出去，另外一些光将透射过去，还有一部分光将以多种形式散射出去。荧光可以定义为物质吸收适当波长的光时发出光的现象。具体来说，是一种低波长吸收（能量更大），导致电子激发；当这些电子松弛并返回基态时，会产生波长更大的光发射（能量更小）[1]。一般情况下，物质的荧光通过雅布伦斯基能级图（图2-1）进行说明，该图显示了该物质的吸收和发射。吸收光的强度是量子化的，吸收光的能量值等于 h 与 ν 的乘积，其中 h 是普朗克常数，ν 是光的频率。具有足够能量的量子化的紫外可见光将使分子处于电子能级的激发态。吸收的能量将会被转化为转动能量，振动能量或者化学能（例如分子经过光化学变化后产生拥有更高化学能的产物），还有一部分能量将会以量子化的低能量的光释放出去（例如荧光或磷光）。荧光和磷光在光产生原理上与其他发射光（例如丁达尔散射光、瑞利散射光以及拉曼散射光）有很明显的区别，这种区别在于荧光或磷光的发射要求物质首先要吸收激发光的一部分，而其他形式的发射光没有这个要求。对于丁达尔散射光和瑞利散射光，虽然不同频率的光将向多角度散射出去，但是这样还是会产生一些和入射光相同频率的散射光。分子吸收一定频率的光后会从基态转换到更高能级的电子激发态。在室温条件下，大部分分子位于基态的最低振动能级上（正是在这个能级上，分子在吸收光后能级发生了转变）。分子在吸收一定频率的入射光后会转换到某一更高电子能级激发态的振动能级上。被激发后，几乎所有的分子会重新回到第一激发态的最低振动能级上，正是在这个从激发态回到基态的过程中产生了荧光。如果所有吸收激发光的分子都是以发射荧光的方式回到基态的，也就是说，如果吸收的光是一个量子的，发射荧光的强度也是一个量子的，所以分子溶液的荧光量子产率就等于1。实际上，一部分激发态分子会以非荧光的方式返回基态。例如，一部分激发态分子会退回到三线态，而不是基态，一部分激发态分子会与溶剂分子碰撞而将能量损失掉，或者与其他溶质分子碰撞（如淬灭剂），还可能有一些激发态分子会经历光化学变化而将能量损失掉。在这些情况下，分子溶剂的荧光效率就会小于1或者等于0。发射荧光的强度定义为等于物质吸收光的强度值乘以荧光量子产率，表达式为 $F=[I_0\times(1-10^{-\varepsilon cd})][\varphi]$，$F$ 表示单位时间内总量子化荧光强度，I_0 表示单位时间内激发光的强度，c 表示荧光物质在溶液中的浓度，d 表示溶液的光学深度，ε 表示溶质的分子消光系数，φ 表示荧光量子效率。在理想条件下，对于极稀溶液来说仅有一小部分的激发光被吸收，荧光强度表达式校正为 $F=[I_0(2\cdot 3\varepsilon cd)][\varphi]$。对于只含有一种荧光溶质分子的溶液，其荧光光谱的形状是不随激发光频率的变化而变化的。此外，荧光的强度是激发光的函数，正比于荧光分子被激发的效率。

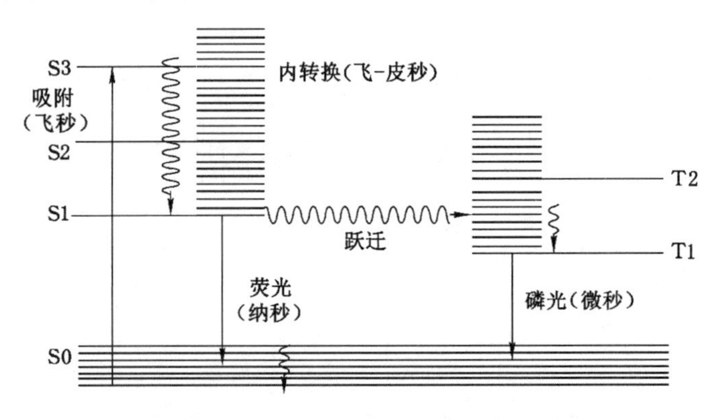

图 2-1　荧光以及与磷光发光机制的差异

众所周知，在电子的激发过程中，它们首先通过将自身置于高振动状态，然后置于称为内转换的松弛振动状态来获得能量。随后，这些电子返回基态，在基态中，它们发射的光的波长比吸收的光的波长更大[2]。荧光是一个循环过程，因为同一分子可以反复激发和检测。此外，荧光团会发射全部光子，使得这种现象的灵敏度很高[3]。然而，传统有机分子的荧光可以通过光漂白降低，这是发光纳米结构中不太常见的现象[4]。荧光发射分子最重要的特征是量子产率(QY)和荧光寿命(τ)。QY 被定义为发射的光子数与吸收的光子数之比，对于量子产率较高的分子，该值接近统一。很少有荧光分子具有高 QY，但即使这些荧光分子具有高的荧光量子产率，当与待测分子结合时，其效率也会降低。目前有很多的科学家致力于合成具有高 QY 的纳米结构[5]。相反，τ 被定义为受激分子与其周围环境相互作用的时间。一般来说，这些时间在 10 ns 到 10 μs 之间。荧光量子产率主要取决于化合物的结构和性质，以及材料的环境因素。量子产率越大，化合物的荧光强度越大。通常某些材料可以作为荧光淬灭剂，通过动态淬灭和/或静态淬灭降低荧光物质的量子产率或荧光强度[6]。动态淬灭是淬灭剂与荧光物质通过两激发态的碰撞相互作用，产生荧光共振能量转移(FRET)。淬灭器的超高荧光淬灭能力可以降低背景噪声，从而显著提高 FRET 系统的信噪比。

荧光寿命是一个在传感分析应用中起重要作用的参数。荧光寿命定义为激发光终止后，分子的荧光强度衰减到原始强度 1/e 的平均时间，通常为纳秒级[1]。荧光团的寿命对其局部微环境非常敏感，如温度、pH 值、离子浓度以及与其他分子的相互作用。因此，可以通过基于荧光寿命的技术准确测量各种介质的相互作用。对于荧光寿命测量，目前的方法包括传感器、光谱学、显微镜和光纤耦合荧光寿命测量[7]。

荧光化学传感器是一个分子系统，这个系统的光化学信号的改变取决于一种化学物质与分子系统相互作用。荧光化学传感器通常由两个部分构成，一个是发出信号的荧光团，另一个是待测物受体部分(受体部分能够识别待测物)。荧光团和受体部分之间由空间间隔区连接，这样就形成了一个荧光团-空间间隔区-受体部分的框架结构[8]。当一个客体分子键合到受体部分上时，荧光团的光物理性质(如荧光强度、发射波长、荧光寿命)就会通过不同机理过程发生变化，因此，借助这种信号的改变就可以辨别客体分子的存在情况。

2.2　荧光分析的基本方法

基于荧光信号产生变化的形式和特点，荧光分析可以分为三种类型：荧光淬灭、荧光增强和荧光比率传感。在此基础上，根据荧光信号的特异性，可以利用不同的电子或能量转移机制（如荧光共振能量转移、光致电子转移、内滤效应等）来实现对目标物的分析检测。

2.2.1　荧光淬灭

基于荧光强度变化的传感器应用最广泛，因为它们通常非常敏感，易使用，并且适用于各种分析物和系统。基于强度变化的主要检测技术即荧光“淬灭”。淬灭是指在不影响光谱的情况下降低发射分子荧光强度的过程。这种现象与灭火剂或“淬火剂”的浓度成正比。与荧光分子相互作用的各种分子可以用作淬灭剂，具有不同作用——碰撞或动态、自动淬灭和静态。狭义的荧光淬灭的原因：溶液中淬灭剂分子和荧光物质分子之间发生相互作用而引起荧光物质分子的荧光效率降低或荧光物质激发态的寿命缩短，从而导致荧光强度的降低。淬灭过程可能发生于淬灭剂与荧光物质的激发态分子间的相互作用中，这种情况称为动态淬灭。如果淬灭过程是发生在淬灭剂与荧光物质的基态分子之间的相互作用中，则称为静态淬灭。由于纯物质光谱的变化，静态机制并不总是被认为是淬灭。在动力学机制中，发射分子的激发态衰变而不发射正常荧光。在这种情况下，观察到发射强度和寿命均下降。自动淬灭机制完全取决于荧光团的浓度，其中，分子通过光子重吸收或准分子的形成充当淬灭剂。在静态淬灭中，两个发射分子之间形成基态配合物。这些配合物不是发射性的，会导致系统的整体淬灭，会改变光谱，因为配合物的性质不同于起始分子。应该指出的是，当使用荧光测试检测分析物时，发射分子可能产生淬灭，这不仅因为待测物质的存在，还因为介质中的其他物质成为干扰（基质效应）。大多数涉及纳米结构的荧光传感器，无论是作为发射体还是作为受体，都是基于在感兴趣的分析物存在时产生淬灭或阻止淬灭。

利用某种物质对某荧光物质的淬灭作用可以建立针对此物质的荧光测定方法，通常称为荧光淬灭法。荧光淬灭法相对于直接荧光测定法具有更高的灵敏度和更好的选择性，在实际的荧光分析检测中具有重要的应用。

2.2.2　荧光增强

荧光增强不如荧光淬灭常见，但是优于荧光淬灭的检测策略。溶剂、pH值和带电分子等影响因素，可能会导致纳米探针的荧光减弱或淬灭，因此“淬灭”探针通常表现出较差的选择性和可靠性。在荧光增强中，只有在待测物存在的情况下，非荧光前驱体才转化为荧光指示剂。目前的挑战是确定待测物与适当的前驱体发生选择性反应的化学性质。这种荧光检测的替代方法在可视化检测设备中非常具有吸引力，因为在黑暗背景上出现光信号的灵敏度会得到显著提高。值得注意的是，比较几种波长的荧光，如在分析物结合时将一个荧光团转换为第二个荧光团，可以将来自“明亮”背景的噪声降至最低。

2.2.3　荧光比率传感

比率型荧光传感器具有两个或两个以上发射波长，通常根据两个波长处荧光强度的比值与分析物浓度之间的关系来定量分析目标物含量。同时，这种传感器模式通过调节强度比值的变化扩大动态响应的范围，通过建立内部标准，使其具有自我调节功能，极大削弱诸如探针浓度、温度、极性、环境的 pH 值、稳定性等众多可变或难以定量的因素的干扰。而且，随着分析物的改变，比率探针的颜色也随之逐级变化，从而实现对分析物的可视化检测，根据探针的颜色可实现对分析物的半定量分析和定性分析。所以比率型荧光传感器的构建具有非常重要的意义。为了实现比率检测，制备比率荧光探针一般有两种通用的设计策略：一种方法是在原有体系中引入第二个目标不敏感的信号作为参考，另一种策略是应用两个目标响应可逆信号变化，以实现比率测定[9-11]。第一种设计方法取决于两个完全独立的信号的作用。在这种情况下，其中一个信号能够特异性地对目标分析物做出响应，而另一个信号则对目标物不敏感，可以作为参考信号，使主信号标准化。一般来说，实现这种比率测量最简单的方法是通过物理结合两个独立的荧光物质，而由单个探针生成两个独立的信号一般需要物理化学方法的预共轭或预组装，但结果往往更精细和可靠，进一步加快了相应的应用。第二种情况是采用比率荧光探针中两个信号的强度比值变化。提出了两种相互关联的检测信号的动态机制，这两种信号表现出可逆变化。例如，目标分析物的存在可以诱导一个信号的增强，另一个信号的减弱，从而导致这两个检测信号之间的强度比值发生较大的变化。这种比率测定法常用的策略是制备具有两个或多个不同信号前驱体的荧光探针对，以触发分析绑定驱动的光学现象，如能量转移、电荷转移、质子转移或化学反应等[12]。

2.2.4 荧光传感机制

通过对荧光变化过程的研究发现：已经报道的荧光变化机制类型包括荧光共振能量转移 FRET 机制、内滤光效应 IFE 机制、光诱导电子转移 PET 机制。FRET、IFE 和 PET 是化学传感器设计中最常见的。这些传感器可以是“关闭”型，因此，由于存在分析物，会产生淬灭；或“开启”，即系统最初被淬灭，荧光在分析物存在的情况下选择性恢复[13]。

FRET 是“共振能量转移”的一个特例——RET，一种基于偶极-偶极相互作用的现象。根据发射分子的性质，RET 分为 CRET（化学发光）、BRET（生物发光）和 FRET（荧光）[14]。FRET 是一种非辐射能量传递过程，通常发生在距离约为 10 nm（Förster 距离）的两个荧光团之间，荧光发射基团靠近受体，通过偶极-偶极相互作用将其能量从激发态转移。除了满足邻近条件外，两个分子的偶极矩必须具有良好的相互作用方向。在 FRET 过程中，施主发射光谱和受主吸收光谱之间的重叠也很明显，并且已经发现荧光团的发射寿命必须足够长，才能出现这种现象[15]。FRET 通常仅在两个荧光团之间满足这些条件时提及，但是该机制也通常用于解释在存在任何类型受体的情况下满足先前条件的淬灭。荧光共振能量转移过程受三个方面影响：(1) 两个荧光团之间能够产生荧光共振能量转移的条件是能量给体的发射光谱与受体的吸收光谱的重叠部分要大于 30%。(2) 两个荧光团之间的距离要小于 10 nm，两个荧光团之间的距离不仅会影响荧光共振能量转移是否发生，还会影响能量转移的效率。能量转移的效率与两个荧光团之间距离的关系式为：$E=R_0^6/(R_0^6+r^6)$，其中，E 为能量转移效率，R_0 为 Förster 距离，r 为两个荧光团之间的距离[8]。(3) 能量给体偶极子和能量受体偶极子部分的相对方向[16-17]。荧光共振能量转移过程能量关系和光谱重叠示意图如图 2-2 所示。

在基于 PET 的过程中，电子转移（电荷）通常通过分子之间的范德瓦尔斯型相互作用在

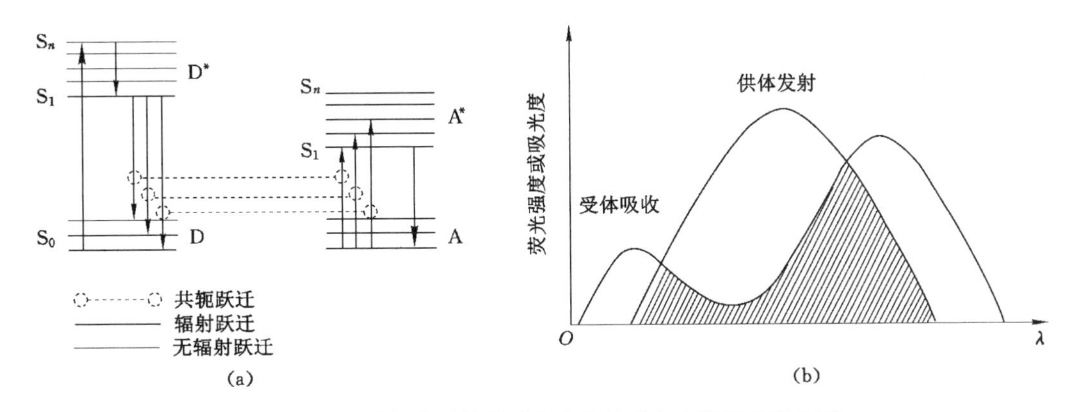

图 2-2　荧光共振能量转移过程能量关系和光谱重叠示意图

小于 10 nm 的距离内产生。因此，可能会发生动态相互作用（来自未形成络合物的激发态）或静态相互作用（通过在基线形成非荧光络合物）。在这种机制中，产生了部分荷载分布[18]。IFE 机制是基于任何化学性质的受体吸收施主的激发或发射光。在这种情况下，相互作用发生在大于 10 nm 的距离处，被认为是屏蔽而不是真正的淬火，因此不被归类为静态或动态[19]。在 IFE 中，两个分子之间的光谱也存在重叠，当用于检测系统时，施主发射与分析物的浓度无关，在这种情况下，将由淬灭器检测。当接受者吸收激发能时，称之为初级 IFE，当接受者吸收发射光时，称之为次级 IFE。在基于 FRET 的检测系统中使用纳米材料意味着对相互作用距离的控制，以便它们足够近、足够强，以产生荧光变化，但是也足够灵敏或足够弱以在分析物存在时分离（例如在“开启”传感器上）。

2.3　荧光分析方法在环境污染物分析中的应用进展

现今由于自然资源的开发和重工业化，环境受到重金属离子、农药、阴离子、酚类化合物、染料等有毒化学品的高度污染，其中一些在与人类接触时有毒有害。这些化学物质可能会对人类和其他生物造成多种有害疾病。因此，分离和分析空气、水、生物和其他环境样本中的有毒化学物质对于避免进入不同的生态区至关重要。许多常规技术可用于检测和测定无机毒物、有机毒物和其他毒物。例如，原子吸收光谱法（HG-AAS）、电感耦合等离子体光发射光谱法（ICP-OES）、表面增强拉曼散射（SERS）、原子荧光光谱法（HG-AFS）、电感耦合等离子体质谱法（ICP-MS）、X 射线荧光光谱法（XRF）、分光光度法、气相色谱-质谱法（GC-MS）、液相色谱-质谱（LC-MS）和免疫分析技术等。然而这些技术需要训练有素的人员，限制了其广泛应用。此外，由于仪器尺寸较大，且需要在样品源处供电，这些仪器很难在样品源处应用，以便现场测定目标化学物质。另外，比色法和荧光法快速、简便，而且仪器便于携带，可用于分析各种样品中的各种有毒物质，使用发色团和荧光团开发颜色复合物。比色法和荧光法可用于各种化学品的现场测试。大量化学物质的使用增加了样品分析的成本，以及测量后处理这些物质的环境问题。

近年来，基于荧光分析的方法因其具有无放射性、操作简单、高通量、高灵敏度和样本量小等优点而受到越来越多的关注[20]。特别是随着荧光体和荧光技术的发展，灵敏度大幅度提高，如同位素检测水平，具有安全、方便、无污染等优点，更安全。此外，利用量子点、纳米粒子、级联放大策略等多种放大机制,提高了基于荧光方法的信噪比,并实现了更高的灵敏度。因此,基于荧光的技术有利于检测单分子[21],其灵敏度通常比光度计的灵敏度高2～3个数量级。荧光传感器通常是通过将识别元件连接到荧光团来制造的,荧光团特异性地结合目标物种并立即产生光谱响应。为了满足这两个要求,纳米材料表面的光致发光特性和分子工程设计对于实现痕量分析物的高灵敏度和选择性具有同等重要意义。由于表面态/陷阱的产生,纳米荧光团的表面修饰通常会影响其辐射复合效率,从而导致荧光激活(开启)或荧光淬灭(关闭)。这些变化仅由纳米荧光团与分析物的直接相互作用引起,用于灵敏和选择性检测。根据荧光响应,纳米探针分为三种类型——关闭、打开和比率荧光。目前,几种基于荧光的定量平台已经提供了利用特定的荧光识别元件和信号转导模式检测环境中待测分析物的新方法[22-32],包括荧光免疫分析、荧光极化和荧光化学传感器。

使用金属纳米颗粒和量子点(QD)(碳、石墨烯和半导体)作为功能材料,这些技术的缺点可以最小化,可以用于监测样品中目标化学物质与纳米材料相互作用过程中的物理或化学变化。铜(Cu)、银(Ag)和金(Au)等贵金属纳米粒子因其在紫外-可见区增强且稳定的局域表面等离子体共振(LSPR)而被广泛用于视觉检测。当这些金属纳米颗粒与电磁波相互作用时,由于纳米颗粒表面电子的自由振荡,它们会出现吸收带。因此,各NPs的LSPR被用作各种化学物质定量测定的传感探针。此外,量子点在分析化学中也被用作荧光探针,其物理化学性质可以通过使用几种封端剂进行表面修饰或掺杂氮(N)、硫(S)和磷(P)元素来轻松调节。因此,它们经常被用于制造荧光传感器的活性元件。此外,它们的低毒性、水溶性、稳定的光致发光、抗光漂白性和荧光激发波长依赖性发射使其成为合适传感探针的潜在候选者。

参 考 文 献

[1] BEREZIN M Y, ACHILEFU S. Fluorescence lifetime measurements and biological imaging[J]. Chemical reviews, 2010, 110(5): 2641-2684.

[2] KAUSHAL S, NANDA S S, SAMAL S, et al. Strategies for the development of metallic-nanoparticle-based label-free biosensors and their biomedical applications[J]. ChemBioChem, 2020, 21(5): 576-600.

[3] CHAKRABORTY S K. On disturbances produced in an elastic medium by twists applied on the inner surface of a spherical cavity[J]. Geofisica pura e applicata, 1956, 33(1): 17-22.

[4] LIU M L, CHEN B B, LI C M, et al. Carbon dots: synthesis, formation mechanism, fluorescence origin and sensing applications[J]. Green chemistry, 2019, 21(3): 449-471.

[5] PANDEY S, BODAS D. High-quality quantum dots for multiplexed bioimaging: a critical review[J]. Advances in colloid and interface science, 2020, 278: 102137.

[6] ZU F L, YAN F Y, BAI Z J, et al. The quenching of the fluorescence of carbon dots: a review on mechanisms and applications[J]. Microchimica acta, 2017, 184(7): 1899-1914.

[7] HANULIA T,INAMI W,ONO A,et al. Fluorescence lifetime measurement excited with ultraviolet surface plasmon resonance[J]. Optics communications,2018,427:266-270.

[8] CHAN W C W,NIE S M. Quantum dot bioconjugates for ultrasensitive nonisotopic detection[J]. Science,1998,281(5385):2016-2018.

[9] HAIDEKKER M A,THEODORAKIS E A. Ratiometric mechanosensitive fluorescent dyes:design and applications[J]. Journal of materials chemistry c,2016,4(14):2707-2718.

[10] KUMAR S,VERMA T,MUKHERJEE R,et al. Raman and infra-red microspectroscopy:towards quantitative evaluation for clinical research by ratiometric analysis[J]. Chemical society reviews,2016,45(7):1879-1900.

[11] LIU J T C, HELMS M W, MANDELLA M J, et al. Quantifying cell-surface biomarker expression in thick tissues with ratiometric three-dimensional microscopy [J]. Biophysical journal,2009,96(6):2405-2414.

[12] HUANG X L,SONG J B,YUNG B C,et al. Ratiometric optical nanoprobes enable accurate molecular detection and imaging[J]. Chemical society reviews,2018,47(8):2873-2920.

[13] NEEMA P M,TOMY A M,CYRIAC J. Chemical sensor platforms based on fluorescence resonance energy transfer (FRET) and 2D materials[J]. Trac trends in analytical chemistry,2020,124:115797.

[14] MOLAEI M J. Principles, mechanisms, and application of carbon quantum dots in sensors:a review[J]. Analytical methods,2020,12(10):1266-1287.

[15] NSIBANDE S A,FORBES P B C. Fluorescence detection of pesticides using quantum dot materials - A review[J]. Analytical chimica acta,2016,945:9-22.

[16] KAIRDOLF B A,MANCINI M C,SMITH A M,et al. Minimizing nonspecific cellular binding of quantum dots with hydroxyl-derivatized surface coatings[J]. Analytical chemistry,2008,80(8):3029-3034.

[17] WANG S P, MAMEDOVA N, KOTOV N A, et al. Antigen/antibody immuno complex from CdTe nanoparticle bioconjugates[J]. Nano letters,2002,2(8):817-822.

[18] DOOSE S,NEUWEILER H,SAUER M. Fluorescence quenching by photoinduced electron transfer: a reporter for conformational dynamics of macromolecules[J]. Chemphyschem: a European journal of chemical physics and physical chemistry,2009,10(9/10):1389-1398.

[19] WANG J L,WU Y G,ZHOU P,et al. A novel fluorescent aptasensor for ultrasensitive and selective detection of acetamiprid pesticide based on the inner filter effect between gold nanoparticles and carbon dots[J]. Analyst,2018,143(21):5151-5160.

[20] SCHÄFERLING M. The art of fluorescence imaging with chemical sensors[J]. Angewandte chemie international edition,2012,51(15):3532-3554.

[21] SUZUKI Y, YOKOYAMA K. Development of functional fluorescent molecular

probes for the detection of biological substances[J]. Biosensors,2015,5(2):337-363.

[22] SANFORD L,PALMER A. Recent advances in development of genetically encoded fluorescent sensors[M]//Methods in enzymology. Amsterdam:Elsevier,2017:1-49.

[23] CHEN W J,MA X X,CHEN H J,et al. Fluorescent probes for pH and alkali metal ions[J]. Coordination chemistry reviews,2021,427:213584.

[24] FERNANDES T,DANIEL-DA-SILVA A L,TRINDADE T. Metal-dendrimer hybrid nanomaterials for sensing applications[J]. Coordination chemistry reviews,2022,460:214483.

[25] FU L L,QIAN Y F,ZHOU J R,et al. Fluorescence-based quantitative platform for ultrasensitive food allergen detection: from immunoassays to DNA sensors[J]. Comprehensive reviews in food science and food safety,2020,19(6):3343-3364.

[26] GUO M C,SONG H,LI K,et al. A new approach to developing diagnostics and therapeutics:aggregation-induced emission-based fluorescence turn-on[J]. Medicinal research reviews,2020,40(1):27-53.

[27] HANG Y J,BORYCZKA J,WU N Q. Visible-light and near-infrared fluorescence and surface-enhanced Raman scattering point-of-care sensing and bio-imaging: a review[J]. Chemical society reviews,2022,51(1):329-375.

[28] LIU H C. Construction of biomass carbon dots based fluorescence sensors and their applications in chemical and biological analysis[J]. Trac trends in analytical chemistry,2019,118:315-337.

[29] SEMENIAK D,CRUZ D F,CHILKOTI A,et al. Plasmonic fluorescence enhancement in diagnostics for clinical tests at point-of-care:a review of recent technologies[J]. Advanced materials,2023,35(34):21-30.

[30] WANG S T,LI H T,HUANG H N,et al. Porous organic polymers as a platform for sensing applications[J]. Chemical society reviews,2022,51(6):2031-2080.

[31] WU L L,HUANG C S,EMERY B P,et al. Förster resonance energy transfer (FRET)-based small-molecule sensors and imaging agents[J]. Chemical society reviews,2020,49(15):5110-5139.

[32] ZHANG R,LU L H,CHANG Y Y,et al. Gas sensing based on metal-organic frameworks:concepts, functions, and developments[J]. Journal of hazardous materials,2022,429:128321.

第 3 章　半导体量子点

3.1　半导体量子点概述

量子点纳米颗粒是由元素周期表中Ⅱ族-Ⅵ族，Ⅲ族-Ⅴ族，或Ⅳ族-Ⅵ族元素组成的半导体晶体。量子点因其特有的优点已经成为传统的有机荧光团的替代者。量子点具有以下优点：量子产率高、吸光系数高、光吸收宽、跨越紫外线到近红外线的窄且对称的发射谱、Stokes 位移大以及抗光漂白性高。同分子染料相比，量子点还具有独特的特点：尺寸控制的荧光发射、激发谱宽、可以用单一的波长激发不同种量子点的混合物。

图 3-1 是量子点的荧光颜色随着尺寸的变化情况[1]。由于量子点的 Stokes 位移较大，激发光波长与发射光波长差距较大，这使得量子点有多种用途。

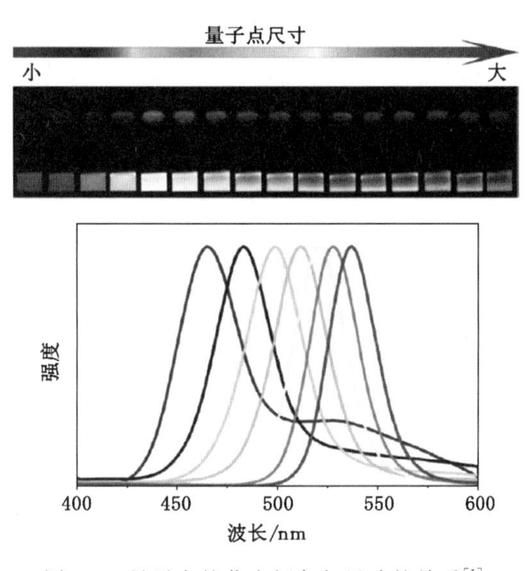

图 3-1　量子点的荧光颜色与尺寸的关系[1]

量子点最开始的应用是在免疫荧光标记领域，用量子点对细胞、组织进行标记，追踪细胞和染色体荧光原位杂交等。研究发现：用量子点标记可以实现在连续的光照射下对细胞的可视化，多颜色成像。这些应用展示了纳米颗粒的优越性[2-6]。例如，生物素标记的多肽包覆的量子点被广泛应用，因为它们可以与细胞膜上的链霉亲和素受体有效结合。用量子点标记的信号要比用有机染料标记的信号更强和更稳定。用不同发射波长的量子点可以实现对多种靶标同时标记，这在环境分析研究中有着重要的应用。

量子点的另一个重要用途是用于检测。量子点不仅是作为经典的有机染料的替代品，更多的是作为新的检测体系的重要骨架。有大量的研究利用量子点的特性来检测生物分子间的作用,或者检测一些重要的物质。然而由于目前缺少有效的将量子点运输到细胞质的方法,所以细胞内部的检测应用还是很少。尽管如此,量子点作为细胞内传感器的研究还在进行中。

量子点的优点是为化学和生物传感器提供了新的功能性平台,已经有许多利用量子点作为荧光探针来设计化学和生物传感器的文献报道。量子点传感器设计过程中一个重要的步骤是对量子点表面进行化学/生物性的修饰。表面修饰种类有很多,包括配体交换,用多聚体作为外壳进行包覆等,这些不同修饰使得量子点可以用于检测不同的分析物[7]。用化学方法对量子点进行表面修饰,通常采用配体交换法。油相量子点 CdSe/ZnS 表面的配体是 TOPO,这是一种有机配体,其作用是可以提供保护层,正是 TOPO 的存在使得 CdSe/ZnS 量子点具有高发光效率。但是,TOPO 修饰的量子点是疏水的,溶解在有机溶剂中。为了将量子点应用于水相体系中,这就需要对量子点表面修饰,有机配体 TOPO 要同其他亲水的配体交换。对量子点进行表面的功能化修饰,不仅能改变其水溶性,更重要的是修饰后的量子点可以同其他分子或配体结合。

利用功能化修饰的量子点,研究者已经开发了多种化学/生物传感器,如金属离子传感器、pH 传感器、有机物传感器、生物分子传感器等。功能化的量子点,其表面的配体可以与金属离子结合,从而用于检测金属离子。一些金属离子和金属配体的结合会淬灭量子点的荧光,利用这种作用设计多种金属离子的检测,如 Hg^{2+}、Cu^{2+}、Zn^{2+}、Pb^{2+} 等。在以往的研究中,量子点用于离子检测是基于光信号的变化。铜、银、汞等阳离子可以有效淬灭量子点的荧光。这些离子的淬灭机理是通过替换量子点表面的 Cd^{2+} 离子,从而在 CdSe 量子点的表面形成低溶解性的颗粒(如 CuSe)。通常情况下,用于金属离子检测的量子点都是经过表面功能化的化学修饰,如表面修饰多肽、BSA 等分子。总的来说,离子对量子点荧光的淬灭主要是通过内滤效应、非辐射重组、电子转移过程三种方式实现的。除了这种利用金属离子对量子点荧光的淬灭作用来实现对其的检测,还有一些传感器是利用量子点荧光的增强来实现检测的,如 Zn^{2+} 的检测。量子点可以实现对多种有机物的检测,主要是对有机农药的检测。杀虫剂在农业中被广泛使用,因此产生了很多健康和环境问题。对量子点表面进行合理的功能化修饰,可以实现对多种有机物的检测。利用量子点和免疫学技术的结合,实现了对除草剂 2,4-D 的检测[8]。基于量子点表面配体交换的原理,设计出检测有机磷农药毒死蜱的量子点传感器[9]。利用量子点比率探针实现对爆炸物 TNT 的检测[10]。量子点另一个重要的应用是在生物分析中利用量子点设计的生物传感器检测多种生物分子,如 DNA、RNA、蛋白质以及一些重要的生物分子。H_2O_2 能够淬灭量子点的荧光,基于这个事实,可以设计量子点传感器用于对产生 H_2O_2 的生物酶和相应底物的检测。

为了了解量子点的光物理性,首先考虑含有导带与价带之间能带隙 E_g 的任何半导体。如果这种材料吸收一个光子,就有一个电子跃迁到导带,在价带中产生一个空穴,如图 3-2 所示。这 2 个载荷子通过类似于氢键的库仑力结合在一起,形成准粒子,称为受激子。这个激子要么可以通过荧光形式回到基态,再次发射一个能量大约为 E_g 的光子,或者可以通过非辐射过程(简单的释放电子,产生热量)回到基态。将这个激子视为一个简单的玻尔模型,则激子和空穴彼此以一定的距离(即玻尔半径)为轨道运行,这个根据材料改变,尺寸范围大约为几个到几十个纳米(10^{-9} m)。

图 3-2 为 QDs 发光原理示意图[1]。如图 3-2(a)所示，被半导体材料吸收的光子促使电子进入导带，在价带中留下一个空穴。由于电子和空穴之间的库仑引力，激子在半导体带隙中具有能量状态。图 3-2(b)为半导体纳米晶体中重要光学和电子跃迁和辐射过程的示意图。实线和虚线分别表示辐射过程、非辐射过程和氧化还原过程。

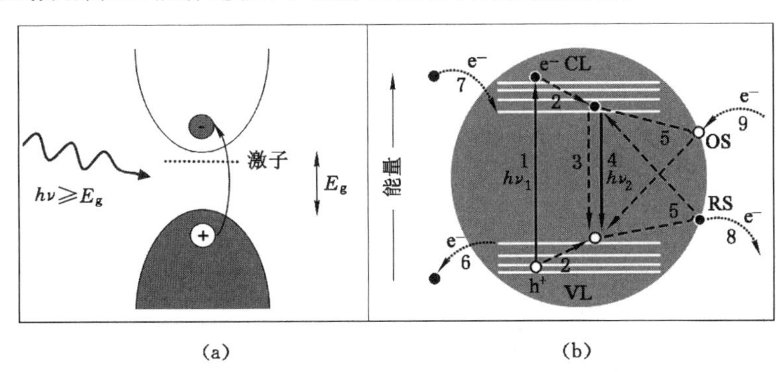

(a)　　　　　　　　　　(b)

图 3-2　QDs 发光原理示意图[1]

1—光激发；2—受激电子和空穴的热弛豫；3—非辐射激子复合；4—辐射激子复合(发光)；
5—表面状态介导的非辐射复合；6—涉及价电子的氧化；7—降至传导水平；8—氧化涉及表面捕集器；
9—涉及表面陷阱的还原；VL—空带；CL—导带；OS—氧化陷阱部位；RS—还原点位。

半导体与半导体量子点的不同之处是尺寸。但是多小才算足够小呢？在简单的半导体中，室温下很少能观察到一个激子，这是因为将电子与空穴结合的能量小于晶格的“热浴”，这些载体通常是自由的。但是要把一种情况考虑进去，即电子和空穴都受材料的实际尺寸限制。在半导体量子点中，微晶很小，以至于受激电子和空穴自身受限于分离距离(小于它们原本的玻尔半径)，这为量子力学的势能函数模式[1-3]提供了实际材料体系。把激子压缩到一个更小的空间内，通过量子限域[11]促使它更具有活力，因此，纳米晶体越小，激子产生的能量就越高。不同尺寸的 CdSe QDs 产生不同的荧光颜色。除了能隙变化外，QDs 能带结构由于半导体的连续性本质而改变，从而在能隙边缘类似分子能级[12]被量化。因此，将半导体材料的尺寸缩减到纳米级就能够直接改变电子态和相关联的光学性质。

正如以上所讨论内容，QDs 能够吸收能量等于或高于带隙能量的光子。对应的吸收光谱中低能边的尖带，与具有高振子强度的第一个基态总量一致。它的位置与强度取决于颗粒尺寸，而宽度与形状影响 QDs 的尺寸分布。一般量子点在 UV-vis 光谱中具有大的摩尔吸光系数，因此，能够用低强度光在宽光谱区域范围被有效激发。对于双光子吸收，也具有一个明显的横切面。事实上，QDs 作为光采集体，其优越性能使它们有潜力成为光电管和人工光合作用设备中的纳米组件。

3.2　半导体量子点种类

传统块体半导体的电子和光学性质由材料组成、晶体结构以及杂质(掺杂剂)决定。随着分子束外延(MBE)和金属有机化学气相沉积(MOCVD)等逐层晶体生长技术的进步，具有广泛可调光电特性的高结晶性 Si 和Ⅲ-Ⅴ(GaAs、InP 和 GaN)半导体[13]形成。量子受限结构表现出与尺寸相关的电子特性，与块体半导体相比，具有更高的可调谐性，并且在材料和器件的设计中具有杠杆作用。当电子被限制在一个与德布罗意波长相当的区域时，会出现量子限制。量子受限结构分为二维(2D)(电子可以在两个方向自由移动)、1D、0D。这些分别包括量子阱、量子线和量子点。在量子点中，电子和空穴表现出离散(量化)的类原子态密度(DOS)。随着量子点变小，量子限制增加了有效带隙，导致吸收光谱和发射光谱蓝移。通过带隙激发的电子与剩余的价带空穴产生强烈的相互作用。库仑引力和自旋交换耦合产生强约束电子——空穴对(激子)。在高激发水平下，多个激子填充一个量子点。量子点中电荷载流子之间的紧密接触导致多体现象增强，从而影响其电子和光电特性[14]。量子点最初是通过实验以玻璃嵌入颗粒的形式实现的，之后不久又以化学合成的胶体纳米晶体的形式实现。独立地提出了半导体纳米结构中应用于激光的三维量子限制的概念，并通过将量子阱势与强磁场相结合来证明。由此产生的结构被标记为 3D 量子阱或量子阱盒[15]。本书主要介绍 CdTe 量子点、CdSe 量子点、Si 量子点以及钙钛矿量子点等。

3.3 半导体量子点的合成

经过不断改进，现今制备量子点有两种主要策略：基于物理真空的方法和湿化学方法。自上而下的物理方法依赖光刻或研磨来定义现有半导体中的纳米体积。在自下而上的技术中，量子点的生长是通过类似搭积木一样组装原子或分子来实现的，并由内部应变驱动[Stranski-Krastanov(S-K)生长模式]。已经实现了在晶体衬底上制备高质量外延量子点(EQD)。S-K 生长用于实现 In(Ga)As/GaAs EQD。EQD 的交替液滴外延生长是通过连续沉积Ⅲ族和Ⅴ族原子实现的，无须使用晶格匹配，这为实现无应变 EQD 提供了一条途径[16]。EQD 已被应用于光纤通信(如激光源)、军用夜视摄像头和航空航天(如光电子电路和超高效太阳能电池)等领域[17]。采用物理方法虽然可以制备粒径易控的纳米粒子，但是由于所需设备昂贵而限制了其广泛使用。化学溶液相制备胶体量子点(CQD)不同于物理真空外延。现代 CQD 合成可以追溯到 1993 年引入的胶体法。CQD 的合成方法学是从早期的在温和的温度(100 ℃至 350 ℃)下，有机溶剂中分子前驱体之间的反应阻止了内部小水胶束的沉淀。CQD 的成核和生长由表面活性剂分子(配体)控制，它们动态地结合到 CQD 表面。明智地选择前驱体和表面活性剂，以及控制反应温度和持续时间，可以精确控制 CQD 的化学计量比、大小和形状。胶体方法已成功应用于生长Ⅱ-Ⅵ、Ⅲ-Ⅴ、Ⅳ-Ⅵ和Ⅳ族半导体的 CQD[17-19]，以及最近的金属卤化物钙钛矿($CsPbX_3$，X＝I、Br 或 Cl)[20]。

胶体量子点的质量取决于其核心的结晶完整性、表面钝化的完整性以及尺寸和形状的均匀性。高单分散性对于保持胶体量子点中 DOS 的近离散特性至关重要。CQD 的合成持续改进了参数空间，导致吸收线宽接近均匀(单量子点)极限。胶体量子点的掺杂提供了一个额外的途径来调整其 DOS 和多数电荷载体的类型。胶体量子点的表面配体通常是体积庞大的有机分子，如油酸和油胺，它们使分散在溶剂中的胶体量子点之间引入排斥力，使其胶体稳定[21]。胶体量子点在固体衬底上的沉积可以形成玻璃状或部分有序的 QD 薄膜，这取决于纳米晶体的单分散性、溶剂干燥动力学和表面配体之间的相互作用[22-23]。

(1) 金属有机化学法

金属有机化学法是目前最常用的合成半导体量子点的胶体化学法，也是迄今为止最成功的合成高质量量子点的方法，已经成功地用于合成Ⅱ-Ⅵ族和Ⅲ-Ⅴ族半导体量子点。该方法通常是在无水无氧的条件下合成半导体量子点，即用合适的金属有机化合物在具有配位性质的有机溶剂环境下生长纳米晶粒。将反应前驱物注入高沸点的表面活性剂[三辛基氧磷(TOPO)/三辛基磷(TOP)]中，通过反应温度控制纳米晶成核与生长过程。由于表面活性剂 TOPO/TOP 在量子点表面形成单分子修饰的疏水层，使得量子点在高温条件下保持稳定，并且表面活性剂还能够有效地阻止量子点的聚集。1993 年，美国麻省理工学院的 Bawendi 研究小组[24]发明了这种方法，他们选用高危险性的二甲基镉和三辛基磷(TOPSe，由三辛基磷 TOP 和硒粉制得)作为前驱物，将其迅速注入剧烈搅拌的 350 ℃的 TOPO 中，在绝对无水无氧条件下迫使前驱物迅速热解成高浓度单体，短时间内就有大量的 CdSe 纳米颗粒晶核形成。然后迅速降低温度至 240 ℃以阻止 CdSe 纳米颗粒继续成核，再升温到 260～280 ℃，维持该温度使 CdSe 晶核缓慢生长，每隔 5～10 min 取出部分样品测其吸收，根据吸收光谱来监测量子点的生长。当量子点生长到所需要的尺寸时，将反应液迅速冷却至 60 ℃，加入丁醇防止 TOPO 凝固，加入过量的甲醇，最后通过离心即可以得到高质量的 CdSe 量子点，其发光量子产率高达 90%。无论是从量子点的尺寸分布还是从发光性能来看，该方法都可以称为当时最成功的合成方法。该方法的发明为高温有机相中合成Ⅱ-Ⅵ族半导体量子点奠定了基础。但是，该方法所用的二甲基镉不但价格昂贵，而且有剧毒，并且常温下不稳定，甚至在高温下还会发生爆炸并放出大量的有毒气体。因此该方法的实验设备和条件要求非常苛刻，要求绝对无水无氧的环境，以防止高活性的前驱物燃烧爆炸，而且不易控制所得到的 QDs 尺寸，不适合大规模合成，限制了该方法的进一步快速发展，使得量子点的合成研究一度发展缓慢。

直到 2001 年，Z. A. Peng 等[25]用氧化镉代替二甲基镉作为前驱物，合成了粒径大小十分均一的 CdSe 和 CdTe 量子点。该方法操作简单，重现性好，可大规模应用于工业生产中。Z. A. Peng 等进一步研究了该“绿色化学”合成法，选择一系列毒性小的金属氧化物或盐(氧化镉、醋酸镉、碳酸镉等)，使用长烷基链的酸、氨、氧化磷、磷酸为配体，在高沸点有机溶剂中合成了一系列高质量的 CdS、CdSe、CdTe、ZnO 等Ⅱ-Ⅵ族及 CdSe/CdS、CdSe/ZnS 等核壳结构发光量子点。随后，Z. A. Peng 等又使用这种合成方法开展了第二代量子点的合成，制备出了高质量的 ZnSe:Cu、ZnSe:Mn 掺杂量子点，并通过控制合成条件实现了离子在 ZnSe 内部不同部位的掺杂。Z. A. Peng 等开发的“绿色化学”合成方法降低了成本和对设备的要求，减少了对环境的污染，具有更高的可操作性和普适性。使用该方法可以获得更多高质量的半导体量子点以开展研究，有力推进了量子点的合成和应用研究的发展。

(2) 水相合成法

尽管通过金属有机化学法制备的量子点具有很好的结晶性和单分散性、高的荧光量子产率、可制备的量子点种类多、易表面修饰等优点，但是由于它们的表面具有疏水性使其很难直接应用于生物分析。由于在水相中直接合成量子点具有操作简便、成本低、重复性高、表面电荷和表面性质可控，容易直接引入功能性基团，生物相容性好等优点，多年来，水相合成法一直与金属有机化学法并行发展[26]。早在 1993 年，T. Nozik 等就在水相中合成了荧光量子产率达到 20%的 CdTe 量子点。1996 年，A. L. Rogach 等[27]首次以巯基化合物为稳定剂在水相制备了 CdTe 量子点。随后，高明远等发展了 CdTe 量子点的水相合成，并且研究了羧基基团对于 CdTe 量子点荧光性质和稳定性的影响，通过调节 pH 值和控制光照时间使 CdTe 量子点表面修饰一层 CdS 复合物，大幅度提高了 CdTe 量子点的荧光量子产率

(高达 85%)。H. Zhang 等[28]较早采用水热法在温和条件下合成了 CdTe 量子点,并对反应物剂量、稳定剂、pH 值以及反应温度等条件进行了深入的探讨。最近,传统的水相合成方法得到了一些改进和发展[29-31],一些研究组通过水热合成法[28,32]、微波合成法[33-34]、超声合成法[35]等合成了巯基化合物稳定的高质量 CdTe 量子点。

自从首次报道以巯基化合物为稳定剂的水相合成 CdTe 量子点以来[27],尽管研究人员对水相合成方法做了很多探索和改进,但是水相量子点的合成方法在本质上是一致的。首先将镉的前驱体(如高氯酸镉、氯化镉、醋酸镉等)溶于水中,在搅拌条件下按一定比例加入巯基稳定剂,调节溶液的 pH 值使之为碱性。然后通氮气除氧后,向溶液中通入 H_2Te 气体或注入新鲜制备的 NaHTe 溶液,即可形成 CdTe 前驱体并伴随溶液颜色的改变。得到的 CdTe 前驱体溶液在空气中是稳定存在的,然后再加热回流使量子点生长,控制回流时间得到所需尺寸的量子点。水相合成 CdTe 量子点的质量受到前驱体浓度、镉与碲的比例、镉与巯基稳定剂的比例、pH 值、生长温度等许多因素的影响,优化水相合成过程中的各种条件参数,可获得与采用有机金属法合成的量子点荧光效率相当的 CdTe 量子点。无须进行任何后处理,CdTe 量子点的最高荧光效率可达 82%,进一步修饰可提高到 98%。

3.3.1 CdTe 半导体量子点

采用水相回流和水热途径制备高质量的水溶性碲化镉量子点,技术已经非常成熟。水相合成的 CdTe 量子点在发光效率、强度等方面已经不比高温有机相合成的量子点质量差。这些进展为量子点在传感领域的发展奠定了坚实的基础,进一步扩大了其应用范围。

以巯基水相方法合成碲化镉量子点时,以水相为反应系统,大多数以碲氢化钠和碲化氢作为碲的前驱体,与镉源反应后,水相加热回流,所得到的碲化镉量子点平均粒径在 10 nm 以下,控制回流时间可以得到不同尺寸的量子点。

水相中合成碲化镉,首先碲的前驱液一般由碲粉与硼氢化钠在冰浴条件下反应生成,或者由碲化铝与稀硫酸反应生成,其反应如式(3-1)、式(3-2)所示。然后,碲氢化钠或碲化氢在碱性条件下会因氢氧根的存在而释放出 Te^{2-},如式(3-3)、式(3-4)所示。

$$4NaBH_4+2Te+7H_2O \longrightarrow 2NaHTe+Na_2B_4O_7+14H_2\uparrow \quad (3\text{-}1)$$

$$Al_2Te_3+3H_2SO_4 \longrightarrow Al_2(SO_4)_3+3H_2Te\uparrow \quad (3\text{-}2)$$

$$HTe^-+OH^- \longrightarrow Te^{2-}+H_2O \quad (3\text{-}3)$$

$$H_2Te+2OH_- \longrightarrow Te^{2-}+2H_2O \quad (3\text{-}4)$$

此外,在配制镉的前驱液时,以巯基丙酸(3-mercaptopropanoic acid,MPA)作为稳定剂时,已经有文献研究镉离子与 MPA 在碱性条件下的络合状态[36]。

因此,为了避免白色沉淀物的产生,在采用巯基丙酸制备水相量子点时,应该使 $n_{MPA}:n_{Cd^{2+}}>2$。这种镉的络合物再与碲的前驱液反应以形成碲化镉微晶,并生长得到不同大小的碲化镉量子点,如式(3-5)所示。

$$Cd^{2+}+HTe^-+OH^- \longrightarrow CdTe+H_2O \quad (3\text{-}5)$$

由此可见:以巯基水相方法合成碲化镉量子点,即以前驱体 Cd^{2+} 与 Te^{2-} 反应,形成过饱和溶液状态而生成碲化镉晶核。然后再经由熟化过程(aging)使生成的核逐渐生长达到特定的大小形成稳定的量子点。因此,量子点的生成大致可以分为三个阶段:

(1) 生成过饱和溶液阶段。合成初期溶液中溶解的溶质超过最大量,溶液为过饱和溶液(supersaturation),因此,只要使溶质浓度超过饱和溶解量,就可以产生过饱和溶液。溶液中会缓慢地有固体呈现,该时期称为诱导期(induction time)。在本系统中,为 Te^{2-} 阴离子与 Cd^{2+} 阳离子反应形成过饱和的碲化镉溶液而析出。

(2) 成核过程。当溶液浓度随着时间慢慢增大到最小临界过饱和浓度(minimum critical supersaturation,C^{*}_{min})时,核体开始出现,此时进入第二个阶段,称为成核期(nucleation period)。由于初始反应时大量的前驱体(Cd^{2+} 与 Te^{2-})瞬间结合达到过饱和状态,也因为此反应前驱体浓度高于成核起始浓度(nucleation threshold),促使成核开始发生。成核过程会随着前驱体浓度的改变,使得过饱和程度不同而引发不同的成核速率。当前驱体浓度达到 C^{*}_{min} 时,核便开始生成,此时随着过饱和浓度的提高,核的生成数量会越多,直到达到最大临界过饱和浓度(maximum critical supersaturation,C^{*}_{min}),生成的核的数量也最多。随后因消耗使得过饱和浓度下降,核的生成数量也随之下降,最后降至 C^{*}_{min} 核便停止生成,在此之后进入生长阶段。由此可知:成核速率对量子点的粒径和分布的影响很大,如果成核太久,会使得成核生长分界点模糊而造成粒径分布不均。因此,要想得到粒径分布均匀的量子点,提升成核速率是关键。

(3) 生长阶段。当溶液浓度下降到低于最小临界过饱和浓度时,第三阶段开始,粒子开始聚集成长,直至平衡溶解度反应才终止。Cd^{2+} 与 Te^{2-} 反应成核以后[式(3-6)],此时前驱体浓度已经小于成核起始浓度,开始进入生长阶段。首先,以核为中心,溶质在生成的核上析出,造成晶粒生长,如式(3-7)所示。接着进行第二阶段的生长,又称为 Ostwald-Ripening process。在此阶段,当反应体系的浓度随着晶粒生长而逐渐减小时,存在于体系中的晶粒的临界粒径会随之增大,此时,小于此数值的晶粒将会因为具有较高的表面能而进行逆向反应,即溶解释放出前驱体而消失,如式(3-8)所示。而粒径大于此数值的晶粒,则会继续生长,如式(3-9)所示。因此,这个阶段的生长过程对粒径大小控制相当重要。

$$m\mathrm{Cd}^{2+} + m\mathrm{Te}^{2-} \rightleftharpoons (\mathrm{CdTe})_m \tag{3-6}$$

$$\mathrm{Cd}^{2+} + \mathrm{Te}^{2-} + (\mathrm{CdTe})_m \rightleftharpoons (\mathrm{CdTe})_{m+1} \tag{3-7}$$

$$(\mathrm{CdTe})_n \rightleftharpoons (\mathrm{CdTe})_{n-1} + \mathrm{Cd}^{2+} + \mathrm{Te}^{2-}\ (m>n) \tag{3-8}$$

$$\mathrm{Cd}^{2+} + \mathrm{Te}^{2-} + (\mathrm{CdTe})_k \rightleftharpoons (\mathrm{CdTe})_{k+1} \tag{3-9}$$

综上所述,可清楚看出量子点的成核、成长的机制,而整个成核、成长的过程受反应条件的影响很大。因此,结合理论分析,对制备过程中的影响因素进行优化,是合成高质量碲化镉量子点的一个重要前提。

3.3.2　CdSe 半导体量子点

高质量量子点通常是复杂的核-壳结构,由一些纳米直径的低禁带半导体核(典型的Ⅱ/Ⅵ系统,如 CdSe)和一些单层厚度的高禁带材料的无机壳(如 ZnS)组成,而有机配体控制粒子点的溶解度和进一步使其功能化。壳层对量子点的发光性能和光化学稳定性至关重要。它使缺陷态饱和,并在核心表面悬空成键,否则有利于光能产生的电子空穴对和长波长的非辐射复合。量子点抗光降解的程度主要取决于覆盖发光 QD 芯的无机壳的厚度和质量。

硒化镉(CdSe)量子点是Ⅱ/Ⅵ族化合物半导体之一,具有非凡的电子和光电性能。CdSe 通常存在于 3 种晶体结构中,即纤锌矿、闪锌矿和岩盐。闪锌矿结构的 CdSe 是不稳定的,在适当的加热条件下可以转化为 urtzite 结构,而岩盐结构只能在高压下观察到。具体来说，CdSe 通常表现出单极性 n 型导电性，并且由于自补偿效应，很难形成 p 型。低维 CdSe 纳米材料具有独特的几何特性和物理特性，在基础科学和实际应用中都得到了广泛的研究。准一维(1D)CdSe 纳米材料主要包括 CdSe 纳米线(NWs)、纳米带(NBs)和纳米管(NTs)等。一维 CdSe 纳米材料的直接带隙(300 K 下的体材料约为 1.74 eV)和带边附近的高吸收系数，使之成为下一代高性能光电探测器、太阳能电池、发光二极管、场效应晶体管和激光器等设计时的良好选择。

CdSe 纳米材料的形貌、晶体结构和掺杂对其电学性能和光电性能有着重要影响，其制备方法也受到了广泛关注。一般来说，半导体纳米材料可以采用自上向下或自下向上的方法制造。自上而下的方法通常通过光刻(紫外线、电子束或纳米压印光刻等)和蚀刻工艺(反应离子、湿化学或聚焦离子束蚀刻等)将大块材料制成所需的纳米结构，而自下而上的方法利用原子、分子或纳米结构单元来构建纳米级设备和系统。然而，当前光刻技术的物理限制和经济因素将限制半导体纳米材料在 10 nm 以下的制造和可扩展性。更糟糕的是，当用自上向下的方法制备的半导体纳米材料与不同的衬底集成时，必须考虑界面晶格失配。目前通常采用自下向上的方法合成 CdSe 纳米材料，如汽-液-固法、液-液-固法或者电化学沉积法等。采用自下向上的方法合成的 CdSe 纳米材料可以与各种衬底集成，并保持其固有的电学性质和光学性质。因此，采用自下向上的方法在合成低维纳米材料方面显示出巨大的潜力和灵活性。

CdSe 核的合成遵循 Gerbec 等发明的方法，即微波加热反应溶液。对于 ZnS 壳层的合成，可以使用毒性较低的前驱体(十一烯酸锌和环己基异硫氰酸酯)。得到的 ZnS 壳层的厚度是由 CdSe 核和 CdSe-ZnS 粒子之间的大小差异决定的。通过透射电子显微镜测量 CdSe-ZnS 粒子的直径，而 CdSe 核的大小是由壳层粒子的第一个激子吸收峰的光谱位置确定的。无须直接测量壳层厚度，通过透射电子显微镜比较壳层形成前后的直径，可能由于 CdSe 合成过程中剩余的前驱体在合成壳层之前没有被去除而导致二次 CdSe 核生长。如反应溶液中 CdS 和 ZnS 纳米粒子的形成，以及 CdSe 核表面 CdS 或混合 CdS-ZnS 层的形成。

3.3.3 Si 半导体量子点

硅固有的良好生物降解性和生物相容性是设计无毒纳米探针的理想选择。然而，硅在生理条件下的潜在低稳定性推迟了其在生物成像中的应用。在生物应用硅基发光纳米探针的开发过程中，制备能够承受与生理环境接触、不会退化或失去其光学和电子特性的硅纳米材料确实是一个真正的挑战[37-38]。最近已经报道了一些水兼容、强发光的硅量子点的例子。它们是一种弱发光的间接带隙半导体，这些硅纳米晶显示出与直接带隙半导体纳米晶相当的特性。此外，已经证明了硅量子点可长期用于生物成像。最近的研究结果表明：如果设计得当并进行表面保护，Si 量子点的化学和光化学稳定性优于金属基 NCs。此外，考虑到这些纳米颗粒的长期效应，非常详细的体内和体外研究也证明了硅量子点对生物体的低毒性。

块状硅是一种间接带隙半导体[39]，其表现出很弱的光致发光以及很长的激子-空穴复合时间。这一特点，加上制备大量的在水环境中稳定的硅纳米颗粒比较困难，与其他发射强烈的半导体组成的量子点相比，推迟了生物应用硅纳米颗粒的开发。QDs 的发射源于激子的量子限制[40]。这种现象起源于离散态密度，具有相当大的依赖能隙。纳米颗粒的尺寸小于激子玻尔半径(硅为 4.2 nm)时量子限制效应与尺寸相关,导致光学跃迁的能量不仅取决于主体材料的性质,还取决于其尺寸[40-42]。基于有效质量近似对硅中激子量子限制的理论研究预测,当硅晶体减小到纳米尺寸时,其光学跃迁特性将发生间接到直接的转换。根据这个模型,激子的辐射寿命与尺寸密切相关,当直径从 3 nm 减小到 1 nm 时,辐射寿命为从毫秒到纳秒不等。虽然已经报道了硅量子点的允许跃迁和纳秒级的衰变时间,但是它们的实际起源仍有争议。用于生物应用的独立式硅纳米晶确实不是理想的量子点,对其光物理性质的解释也很复杂。在完美量子点中,主体材料被限制在理想的无限宽带隙矩阵中,具有相同的晶格结构。例如,对于 CdSe 量子点,其结构连续性是通过将核心材料合并到 ZnS 壳中来实现的[43]。用作生物探针的独立式 Si-NCs 表面通常由碳连接的有机残留物、氧气或薄二氧化硅层隔断。因此,这些 Si-NCs 被单层或薄壳包围,而不是被长程电子限制基质包围。

进一步的复杂性源于这样一个事实:在一定的尺寸限制下,由于原子数量不足和缺乏长程有序性,导致结晶度降低[44]。实验和理论结果揭示了表面终止[45]和表面状态对 SiNCs 光物理性质的根本影响。如纳米硅的电子-空穴复合速率完全取决于表面终止原子。在碳封端情况下,相对于氢封端的 NPs,空穴和电子波函数的重叠程度大得多。在氧封端 NCs 的情况下,PL 主要由表面态控制,这些表面态在微秒衰减区显示出特征性的长时间、低能量发射。

当认为用不同方法制备的纳米颗粒(结构和尺寸明显相同)显示出截然不同的光致发光响应时,硅纳米颗粒光物理行为的复杂性变得明显[46]。一般来说,使用高温方法制备的 NCs 显示出符合有效质量近似的 PL 特征,而通过溶液方法制备的 NCs 显示出几乎与尺寸无关的蓝色发射。C. Delerue 等[47]分析了这种明显的二分法,确定了在存在微量氮和氧的情况下,甚至在百万分之一的水平上,蓝色发射的起源。因此,缺陷、表面化学、尺寸在控制硅量子点的光物理性质方面起着基础性作用。

根据合成方法的不同,Si-NCs 呈现出不同的孔隙率、不同的表面终止、大量缺陷和杂质,以及不同的尺寸和尺寸分布。多分散硅量子点的发射能量完全取决于激发波长。观察到的光谱位移取决于带隙能量、吸收截面和辐射率。这些因素致使在荧光衰减期间观察到光谱随时间变化的位移。对于尺寸为 2.5 nm、3 nm、3.5 nm、4 nm、4.5 nm 和 5.5 nm 的嵌入 SiO_2 基质中的硅量子点,报告了类似的效应,但并非由于 NP 的多分散性。对于这些 NCs,观察到由于非平衡电子-空穴对在不涉及声子的过程中辐射复合而产生短寿命发射。这种快速发射在激发后立即发生,从非热弛豫(热)状态开始,并且相对于延迟的热致发光,发生蓝移。对于较小的纳米晶体尺寸,短寿命热致发光带的强度增加,并移向更长的波长。

在量子受限材料中,激子-空穴复合产生的发射显示出一个以波长为中心的对称的光谱带,该波长可以通过在很大范围内改变晶体尺寸来调谐。相关文献报道了直径为 1.0～3.7 nm 的氢封端晶体在低维硅中的光学允许带[48]和发射波长可调谐性的实验证据。这些纳米颗粒显示出明亮的发光,随着尺寸的增大,颜色从蓝色变为绿色,再变为红色。

有趣的是,最小的晶体估计只由 29 个直径为 1.0 nm 的原子和 123 个直径为 1.67 nm 的原子组成。康振辉等使用电化学方法制备了一组具有窄尺寸分布的高度单分散的氢封端 Si 量子点(约 1 nm、约 2 nm、约 3 nm 和约 4 nm)。随着 Si QD 尺寸的增加、PL 带的红移以及大于 1.1 eV 的 Si 间接带隙能带的出现,清楚地表明了量子限制对小于 4 nm 的 Si 量子点的带隙能的影响[49]。同一学者研究了 3 nm 氢封端硅量子点的控制氧化效应。利用这个过程来调整硅芯尺寸，并产生了具有精细波长可调谐 PL 的硅量子点[50]。D. S. English 等[51]报告了尺寸相关的颜色发射。他们在单粒子水平上研究了一组辛醇封端的 Si NCs（d=1.0～10 nm）的光物理性质，测量得到 PL 量子产率高达 23%，纳秒衰减时间与直接带隙跃迁一致，对于 6.5 nm 的 NCs 也是如此。通过激光热解和基于等离子体的方法（使用 HF-HNO_3 混合物使蚀刻和使表面稳定）制备的 SiNCs 的发射带可调谐性也得到了证明。最近，M. Dasog 等[52]证明：通过氢倍半硅氧烷（HSQ）的高温分解制备的硅量子点的 PL 可以在整个可见光谱区域有效调谐，而不改变颗粒大小，通过表面部分的合理变化，表面态相关发射显示出短寿命的激发态，与具有等效尺寸的材料相比，具有更高的相对 PL 量子产率，这些材料的发射源于带隙跃迁。在某些情况下，Si-NCs 的发射光谱具有强烈的激发波长依赖性[53]。最近提出了一种方法来控制硅纳米晶的发光特性，方法是将纳米晶与其他元素一起受控掺杂[54]或通过改变形状来形成纳米棒。

Si-NCs 的发光量子产率通常在 5%～30%之间，最近，Q. Li 等[55]通过化学表面修饰制备了量子产率高达 75%的水分散硅纳米颗粒。张建等提出了一种控制硅量子点发射的原始策略。他掺入纳米球后，在小于 5 nm 的点间距处，结合 Si-NC 表面修饰，利用硅量子点的短程激子耦合。还提出了用有机荧光团对硅量子点进行功能化，以利用激发能转移过程获得具有定制光物理性质的杂化材料。这些材料仅部分保持了硅量子点的特性。

摩尔吸收系数（e）在确定发光对比剂的实际亮度时也很重要。在低浓度探针区域（典型的基于发光的成像技术），PL 信号强度与 NP 吸光度成正比。尽管如此，一般而言，精确测定 NPs 的摩尔吸收系数并不容易，因为它意味着能够计算每体积单位的颗粒数。C. M. Hessel 等[56]讨论了分散在甲苯中且直径在 3～12 nm 范围内的 HSQ 高温分解产生的 Si-NCs 的电子吸收特性。这些纳米颗粒的吸收光谱基本上没有特征，在这个尺寸范围内具有间接带隙。吸收截面强烈依赖于尺寸和波长，例如，在 400 nm 处，3 nm NCs 的摩尔吸收系数 $e=3\times10^4\ M^{-1}\cdot cm^{-1}$，12 nm NCs 的摩尔吸收系数大于 $1\times10^6\ M^{-1}\cdot cm^{-1}$。在 650 nm 处，这些相同的 NPs 对较小和较大的 NP 分别表现出较弱的吸收（$e=4\times10^2\ M^{-1}\cdot cm^{-1}$ 和 $e=2\times10^5\ M^{-1}\cdot cm^{-1}$）。最后一个值与直接带隙近红外发射量子点的摩尔吸收系数相当（激子最大值为 2×10^5～$5\times10^5\ M^{-1}\cdot cm^{-1}$）。对于 1.5 nm 的较小 NCs，J. D. Holmes 等[57]报告在 400 nm 处的 e 值约为 $1\times10^4\ M^{-1}\cdot cm^{-1}$。

荧光闪烁是半导体量子点的一种典型行为，在一定程度上限制了其在长时间单粒子跟踪中的应用，但是在成像实验中，荧光闪烁也有助于区分单点和聚集体。大多数关于硅量子点的研究都没有报道这些材料会发生光闪烁。然而，这些数据通常与包含多个点或集合的 NPs 有关。在单点水平上进行的实验中确实报道了光闪烁。

3.3.4 钙钛矿量子点

钙钛矿是一种特殊的混合材料，具有多种应用，如太阳能电池、发光器件、晶体管、传感器等。ABX_3 分子式类型的化合物与大小不同的“A”和“B”阳离子结合到阴离子 X 上，称为钙钛矿。钙钛矿分为三类：无机氧化物钙钛矿、碱金属卤化物钙钛矿和带有氧化物或卤化物阴离子的有机金属卤化物钙钛矿。此外，它们可以从零维到三维纳米结构合成，并投入许多可持续的应用。在这些应用中，使用钙钛矿纳米材料获得固态或液态特定分析物的信号最受关注。

通式为 ABO_3 的钙钛矿显示出良好的热稳定性，带隙为3～4 eV，这些钙钛矿纳米晶的半导体特性允许通过电流-电压（I-U）响应检测气体物种[58]。例如，X. Wang 等[59]建立了 $LaFeO_3$ 纳米晶钙钛矿，以识别二氧化碳（CO_2）气体。金属卤化物/杂化钙钛矿还通过检测磷光、荧光波动的变化对许多分析物进行光传感检测，提供液态和固态时对分析物的灵敏响应[60]。然而，基于金属卤化物钙钛矿的传感器的稳定性可能会受到各种因素的影响，例如溶剂、水分、时间和温度[61]。类似的，金属卤化物钙钛矿的不同晶体结构（如立方、四方和正交）可能在传感研究中发挥重要作用。因此，需要对金属卤化物钙钛矿型传感器的研究设计进行深入讨论。例如，Q. Chen 等[62]最近展示了 $CsPb_2Br_5/BaTiO_3$ 复合材料的湿度感应能力。除了其潜在的感官应用之外，还探索了一步气溶胶沉积（AD）工艺来开发这种纳米复合粉末。以类似的方式，掺锰的卤化物钙钛矿纳米材料显示出优异的半导体性能和传感能力。F. Y. Lin 等[63]通过主体掺杂剂能量转移证明了掺杂 Mn 的 $CsPbCl_3$ 纳米晶体对氧气（O_2）的传感作用。这种基于光致发光（PL）的感官设计已经被广泛研究。开发钙钛矿纳米材料的过程很多，包括化学合成、球磨、燃烧合成、溅射、溶胶-凝胶、固态反应等。此外，钙钛矿纳米材料在可持续研究中的应用，如太阳能电池、发光器件、晶体管和传感器，现在变得至关重要。

钙钛矿氧化物是众所周知的具有特殊性能的候选材料，如导电性、铁电性、超导性、催化活性等。例如，对钛酸钡铁电性的研究表明它与晶体结构密切相关。随着温度的升高，钛酸钡经历了从单斜到四方和立方结构的三相转变。然而，在303 K以上，由于立方结构中的结晶，铁电性质消失。这些铁电性随温度的变化可用于温度传感器。与铁电性类似，这些氧化物钙钛矿在特定温度下也被证明是超导体，因此在温度检测中提供了可能的应用。由于氧含量过多，$LaCoO_3$、$LaFeO_3$ 和 $LaMnO_3$ 等钙钛矿氧化物显示出异常的空穴导电性（高达100 S/cm），因此目前被用作固体氧化物燃料电池（SOFC）的阴极。以类似的方式，钙钛矿是能够用以产生压电性的材料，压电性已通过许多传感应用得到广泛认可，如压力传感器、力传感器、应变计、制动器等。氧化物钙钛矿还具有多铁性特征，因此成为存储器件和传感器的优良材料[64]。金属氧化物钙钛矿的催化活性已在各种反应中得到证实。由于表面存在大量的氧空位或缺氧位点，金属氧化物钙钛矿被认为是一种氧活性催化剂或激活的模型位点。

与金属氧化物钙钛矿类似，金属/杂化卤化物钙钛矿也具有多种光电性质，在许多可持续应用中发挥着重要作用。调整卤化物（Cl、Br和I）和金属离子的化学计量比可以导致不同的材料性质和晶体结构。通过改变金属或卤化物离子的化学计量比，金属/混合卤化物钙钛矿显示出蓝色、绿色和红色的光致发光特性[65]。卤化物钙钛矿的吸收和发光对温度和压力非常敏感。特别是，温度变化可能诱发相变，并通过热膨胀影响激子、声子相互作用。有机金属卤化物钙钛矿[66]良好的电子和空穴传输特性已指导研究人员进行电感觉研究。此外，更好地理解电荷载流子动力学对于改善其光学性质也很重要。

3.4　半导体量子点表面改性

有机相合成的量子点虽然结晶性好、发光效率高，但是具有表面易氧化、稳定性有限、易聚沉和未知的毒性等缺点，并且水溶性差，不能直接标记生物分子用于生物检测，这些缺点都大大限制了量子点的应用范围。因此，对有机相量子点进行表面修饰和功能化显得尤为重要，不仅可以克服量子点自身的不足，还为量子点在各领域的广泛应用奠定了基础。量子点的功能化修饰主要是通过物理方法或化学方法在其表面包覆一层有机或无机的外壳。

3.4.1 表面配体交换修饰

采用多齿有机配体置换量子点表面原来的包覆分子(TOP、TOPO等)，这些功能化分子大多数含有巯基，容易与量子点表面的镉或锌结合在一起，而其另一端的羟基、羧基、氨基等基团诱导量子点进入水相，可以增加量子点在水溶液中的溶解度和稳定性。配体交换方法简单，容易处理，已经被广泛应用于量子点的修饰中。已经被广泛使用的多功能有机配体，包括硫醇、二硫醇、硫醇基聚乙二醇及其他硫醇基聚合物、巯基乙酸、巯基丙酸等羧酸类、含硫醇的谷胱甘肽、半胱氨酸、组氨酸、亮氨酸等生物分子。其中，单巯基的配体经配体交换后容易引起量子点发光效率的降低。但是，通常采用聚合物硫醇的单巯基配体能够有效提高量子点的稳定性。量子点稳定性的提高还可以通过采用树枝状有机配体包覆来实现，这些超分子结构由于与量子点表面的交叉配体连接，能够有效保护量子点，大幅度提高其在水溶液中的稳定性。

3.4.2 硅氧烷或二氧化硅壳包覆修饰

通过有机硅分解在量子点表面包覆一层无定形的氧化硅壳，并且亲水性的氧化硅壳还可以进一步与其他分子或聚合物功能化，大大改善量子点的水溶性和稳定性。二氧化硅包覆量子点的合成，多使用含巯基的功能性硅烷来取代量子点表面的有机配体，使用有机硅烷分子嫁接到量子点表面，从而在量子点表面形成无定形的氧化硅壳。但是量子点表面的有机物配体被巯基硅烷取代后，量子点的荧光量子产率通常都会有较大幅度的下降。采用微乳液体系也是一种有效的用硅烷包覆量子点的方法。其原理是：首先利用两性表面活性剂的性质制备得到量子点的胶束溶液，由于量子点表面包覆有机配体，使量子点能够进入表面活性剂胶束的亲油性核中而分散在水中。然后，有机硅烷分子吸附在量子点表面，从而在量子点表面形成一层氧化硅的壳[67-69]。这种方法同样适用于在量子点表面包覆 TiO_2、PS、PBA、PS/PMMA及其他有机或无机外壳。该方法由于在表面修饰过程中未改变量子点的表面配体状态，因此包覆后的量子点发光效率能够保持较好。另外，制备的纳米粒子粒径大小均一，分散性很好。

总之，量子点的表面修饰就是与有机、无机、高分子聚合物或生物材料等以不同的机制结合起来，满足不同环境的应用需要。

3.5 分析检测体系的构建

3.5.1 检测气体污染物(NO、NO_2、H_2S，SO_2)

机动车尾气排放、工业生产以及室内装修会产生大量的气体污染物，这些气体污染物在大气中发生化学反应二次转化形成雾霾、酸雨以及光化学烟雾，不仅会对生态环境造成破坏，还能由呼吸侵入人体肺部，引起肺部炎症，严重危害人体的中枢神经系统和血液循环系统。2020 年《中国生态环境状况公报》指出：337 个地级及以上城市中 40.1%的城市空气质量超标，其中主要监测的气体污染物为二氧化硫（SO_2）、二氧化氮（NO_2）、臭氧（O_3）和一氧化碳（CO）等。除了大气环境监测的常用气体污染物指标外，工业废气排放的硫化氢（H_2S）和市内排放的甲醛（HCHO），也是严重危害环境和健康的气体污染物。由于部分气体污染物的高氧化性和反应性以及相似的理化性质，常用的仪器方法很难实现对多种气体污染物的同步检测和分析。气体污染物常以多组分的形式存在，尤其是在工业废气以及室内气体污染过程中，仍然缺乏灵敏的快速捕获和精准识别的气体检测技术。环境气体检测的困难：一是气体分子理化性质接近，活性高，二次转化，难以捕获，需要识别过程更迅速、更特异和灵敏的方法。二是环境成分复杂，干扰物多，需要更易采集和识别的信号输出，降低背景干扰，提高灵敏度。因此，综合利用光学传感技术，发展快速、便捷、在线的气体污染物同步检测方法与技术已经成为环境分析化学领域新的研究亮点和应用突破口。其中，量子点作为一种新型荧光纳米材料，在气体污染物检测领域发挥了重要的作用。

一氧化氮（NO）是一种不带电的活性自由基分子，是燃烧过程中直接排放的最重要的主要污染物之一。有充分的证据表明：吸入少量气态 NO 会损害呼吸道。此外，一氧化氮可以转化为二氧化氮（NO_2），二氧化氮是酸雨和大气颗粒物（如 PM2.5）的重要来源之一。由于 NO 非常活泼且寿命短，其现场灵敏度和选择性检测仍然是一个挑战。检测 NO 最常用的方法包括电子自旋共振光谱法、比色法、荧光法、化学发光法和电化学方法。在所有这些常规方法中，荧光测定法是可视化检测气态 NO 最有前景的方法之一。

本书作者通过量子点表面的分子工程，设计和组装了基于共振能量转移机理的荧光开关探针，可通过荧光淬灭-打开机理来实现对水溶液中的一氧化氮自由基高选择性分析检测的目的，为跟踪检测环境和生物体系中的一氧化氮奠定了分析基础。通过 ESI-MS 质谱和电子光谱的分析，深入研究此量子点的荧光淬灭和一氧化氮荧光增强的机制，验证了量子点和其表面功能修饰配合物之间的共振能量转移为其荧光开和关的主要机制，而一氧化氮起到了选择性关闭此能量转移通道的作用，实现了对一氧化氮的选择性直接检测[70]。

J. Sun 等[71]报道了由铁[Fe(Ⅲ)]和二硫代氨基甲酸酯基团[Fe(Ⅲ)$(DTC)_3$]的络合物修饰的两亲性聚合物包覆的功能性量子点，它们可以作为一氧化氮的反应位点。通过将疏水性量子点（CdSe/ZnSTOPO）核心封装在由聚马来酸酐-1-十八烯制成的两亲性壳中来制备功能性量子点。聚合物链通过酰胺键的形成与 N-(二硫代氨基)肌氨酸铵（DTC）接枝，在表面生成二硫代氨基甲酸基团（QDs DTC）。表面二硫代氨基甲酸盐部分与铁离子反应，在聚合物外壳上形成深棕色的二硫代氨基甲酸铁络合物 Fe(Ⅲ)$(DTC)_3$。由于 CdSe/ZnS 量子点与铁络合物之间的共振能量转移（FRET），量子点的荧光显著降低。由于 NO 和 Fe(Ⅲ)$(DTC)_3$ 之间发生特异性快速反应，形成无色的一氧化氮加合物 Fe(Ⅱ)NO$(DTC)_2$，能量传递途径被关闭。因此，量子点的荧光被一氧化氮打开（图 3-3）。该方法对 NO 的检测限为 3.3×10^{-3} mol/L。进一步将其组装成纸质传感器，可视化检测限可达 10 mg/L。

图 3-3 为基于金属配合物与量子点之间的荧光共振能量转移机理，构建荧光开关，实现对 NO 自由基的直接检测。

NO_2 是神经系统的一种毒物，能抑制酶的活性，影响脂蛋白代谢，造成心血管疾病。长

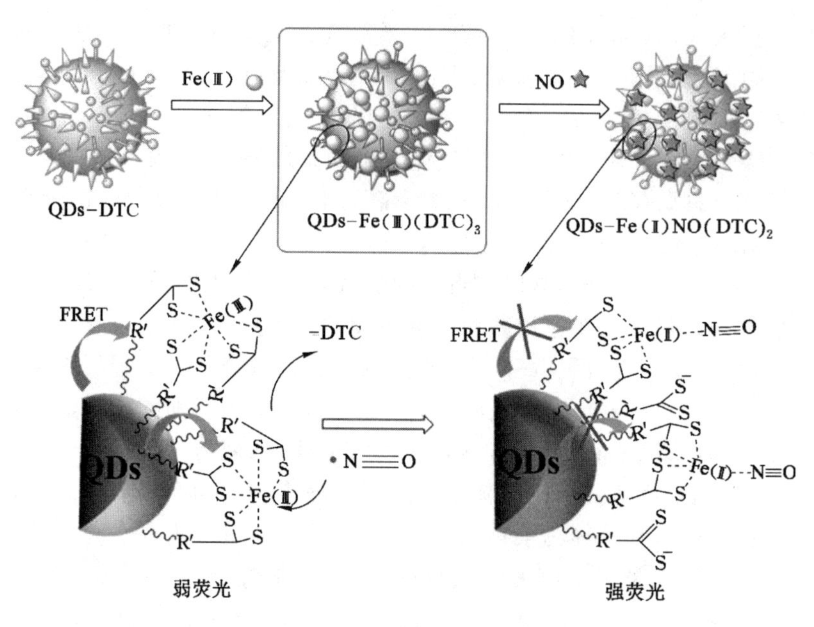

图 3-3　基于金属配合物与量子点之间的荧光共振能量转移机理

期接触低浓度二氧化氮可引起慢性中毒，产生迟钝、失眠、记忆力衰退、多发性神经炎、动脉粥样硬化等疾病。在生命体中，二氧化氮主要来自过氧亚硝酸的分解，一氧化氮的氧化以及辣根过氧化物酶引起亚硝酸的单电子氧化，是活性氮化合物毒性的主要来源，监测二氧化氮的浓度水平及其动态变化同样具有重要的应用价值。Y. Yan 等通过对量子点表面进行分子识别基团的功能化，结合碳量子点的荧光性能，利用表面氨基和羧基的缩合反应，制备了纳米复合比率荧光探针，实现了对二氧化氮气体的高灵敏可视化检测。首先合成了水相的谷胱甘肽修饰的红色荧光的碲化镉量子点，然后将其和氨基修饰的蓝色荧光的碳量子点结合，其中蓝色荧光的碳量子点对二氧化氮没有响应，而红色荧光的量子点对二氧化氮选择性响应，从而淬灭量子点的红色荧光。随着二氧化氮量的增加，红色荧光逐渐下降，而蓝色荧光不变，进而导致探针溶液由红色到蓝色的变化。且空气中其他常见的污染气体不会对二氧化氮产生干扰。基于此原理，开发设计了可视化检测二氧化氮气体的传感器，可实现对二氧化氮低至 1 ppm(1 ppm=1 mg/L)浓度的检测[71]。

二氧化硫(SO_2)是空气中一种重要的有害污染物，当它在过氧化氢(H_2O_2)、光照(太阳光)或臭氧的存在下迅速氧化为 SO_3 时，会导致土壤、湖泊和溪流酸化，进而损坏树木、作物、建筑物和纪念碑。它能与水自发反应生成硫酸。此外，空气中过多的 SO_2 会导致呼吸困难，包括哮喘气喘、呼吸系统疾病、胸闷、恶心、肺部防御系统的改变，以及现有心血管疾病的加重。随着人们对其主要健康风险和生态系统的日益关注，迫切需要开发简单、可靠和方便的方法，用于在各种情况下选择性和敏感地测定 SO_2。

H. H. Li 等[72]报道了一种方法：量子点首先被封装在二氧化硅壳中用于稳定，随后被3-氨基丙基三乙氧基硅烷(APTS)功能化，然后表面修饰上有机染料香豆素-3-羧酸(CCA)。他们选择红色发射量子点作为受体，是因为红色发射量子点具有宽激发光谱、表面易修饰接枝化学识别基团，同时其具有肉眼容易识别的红色荧光颜色。由于 CCA 分子结构中含有一个羧基，很容易与 APTS 的氨基发生反应，并可能形成电荷转移复合物，因此使用 CCA 作为荧光报告剂。红色发射量子点本身还发射蓝色荧光，这使得目标探针可能由于双发射强度比的变化而具有连续的颜色变化。这种混合系统独立地展示了量子点和 CCA 的双发射带。此外，由于在氨基和 SO_2 之间形成稳定的 1∶1 电荷转移络合物，然后释放出强荧光 CCA 分子。这一机制已通过一系列控制实验得到了验证。当暴露于不同量的 SO_2 时，该纳米颗粒传感器显示的荧光颜色会不断从红色变为蓝色。最重要的是，该方法对 SO_2 具有高选择性和抗干扰能力，其他环境气体 CO、NO_2、CO_2、NH_3、H_2S 等的存在均不会对反应体系产生干扰，显示探针优良的选择性、抗干扰能力与高的灵敏度，使传感器能够在实际应用中检测 SO_2。使用这种基于荧光的传感方法，实现了气体 SO_2 的可视化检测限为 6 ppb (1 ppb=1 μg/L)。

Y. H. Yan 等[73]利用纳米材料优越的荧光特性制备了一种新型的纳米杂化探针。他们首先将 MPA-CdTe 量子点封装在二氧化硅壳中，然后用功能分子叠氮基香豆素-4-乙酸 ($Cy\text{-}N_3$)对二氧化硅表面进行修饰组装，通过共价键合分子 3-氨基丙基三乙氧基硅烷将二氧化硅壳与功能性氨基官能团官能化。功能分子（叠氮基香豆素-4-乙酸，$Cy\text{-}N_3$）通过 $Cy\text{-}N_3$ 的羧基和二氧化硅表面上的氨基之间的缩合反应，与二氧化硅纳米球表面共价连接，以制备新型比率荧光纳米杂化探针。纳米杂化探针显示出两个发射峰，其中量子点的红色荧光对 H_2S 是惰性的，而 $Cy\text{-}N_3$ 的浅蓝色荧光在温和条件下对 H_2S 非常敏感，这大幅度增强了香豆素荧光团的荧光。因此，纳米杂化探针中的叠氮基团可以选择性地识别 H_2S 分子，对识别 H_2S 表现出良好的选择性。对 H_2S 的不同反应导致明显的荧光颜色从浅品红色变为蓝色。因此，该方法可用于气态 H_2S 的可视化检测分析，检测极限为 7.0 nM(1 nM $=1\times10^{-9}$ mol/L)。

3.5.2 检测重金属离子

铜是人体健康的重要元素之一，除锌和铁以外，在人体必需的过渡金属中含量排名第三，在人体多种依赖铜稳态的生理过程中发挥着关键作用。过量摄入铜会导致肾脏疾病，扰乱细胞内稳态，从而导致威尔逊病、阿尔茨海默病和门克斯病。因此，美国环境保护署(EPA)将饮用水中的铜含量限制在 1.3 ppm(1 ppm=1 mg/L)。然而，由于铜离子在工业和农业中的广泛使用，其对河流或海洋的污染对人类的潜在毒性影响仍然是一个全球性的挑战。因此，具有高灵敏度和选择性的现场分析和快速测定铜离子的实用方法是人类健康和环境污染监测的关键。J. L. Yao 等[74]设计了一种新的量子点比率探针，可以不需要精密的设备而直接观察被分析物引起的荧光颜色变化。如图 3-4 所示，探针包含两个大小不同的量子点，较大的量子点发出红色荧光，嵌入二氧化硅纳米颗粒中。较小的量子点发出绿色荧光，并共价附着在二氧化硅纳米颗粒表面。红色量子点荧光稳定，绿色量子点经巯基丙酸修饰后被 Cu^{2+} 选择性淬灭。在不同浓度的 Cu^{2+} 存在下，由于双发射强度比的变化，探针呈现由绿色到红色的连续颜色变化，肉眼可以清楚观察到。这些比值和颜色变化特征可用于定性地识别和定量分析。该探针灵敏度高，检测限为 1.1 nM，远低于美国环境保护署规定的饮用水中铜的允许含量(约 20 μM)。与单波长发射的量子点探测器相比，比率法的视觉检测灵敏度显著提高。该探针可用于湖泊、矿泉水等真实水样中 Cu^{2+} 的可视化识别，也可以用于中草药产品中 Cu^{2+} 残留的可视化现场检测。

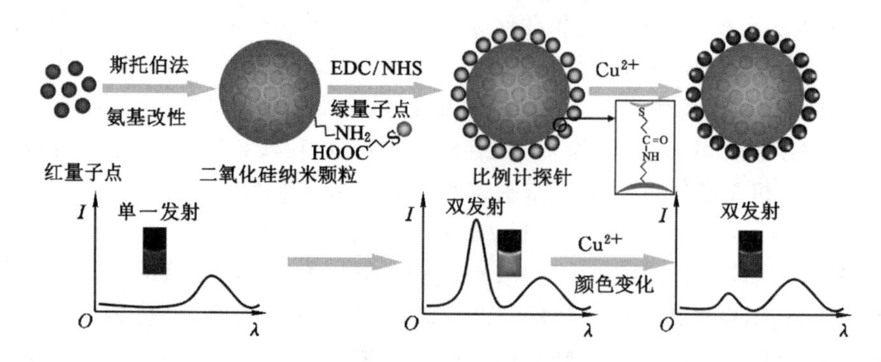

图 3-4　量子点比率探针可视化检测铜离子原理示意图

汞离子(Hg^{2+})是毒性最大的重金属离子之一，是一种不可生物降解的严重环境污染物，对人类健康，尤其是中枢神经系统有严重危害。快速、灵敏地检测水或食品中的 Hg^{2+} 对环境保护和食品安全起着重要作用，因此是分析化学中最重要的课题之一。虽然传统的分析技术，包括冷原子荧光光谱法(CV-AFS)、冷原子吸收光谱法(CV-AAS)、电感耦合等离子体质谱法(ICPMS)、紫外可见光谱法和 X 射线吸收光谱法，可以满足水样中 Hg^{2+} 的灵敏和选择性测量要求，所有这些方法不仅耗时、劳动密集、以实验室为基础，还需要昂贵的仪器和大样本量。在这个框架下，发展可靠、快速和廉价的技术来检测水样中的 Hg^{2+} 具有重要的应用价值。在过去的几年内人们致力于开发对 Hg^{2+} 敏感的便携式传感器，其中包括有机荧光团和共轭聚合物在内的荧光传感器的构建是主要的研究方向。

半导体量子点(QD)由于其高荧光量子效率、与尺寸有关的宽吸收、高消光系数、易于尺寸可调的窄发射以及光化学稳定性，在过去二十年中作为一种优越的传感和生物传感材料引起了广大学者的研究兴趣。事实上，在过去几年中已经报道了基于量子点的传感器在水溶液 Hg^{2+} 检测中的应用取得了实质性进展。C. Yuan 等[75]设计了一种新型的水溶性 CdSe-ZnS 量子点(QDs)，通过 2-羟乙基二硫代氨基甲酸酯(HDTC)的双齿配体进行功能化，展示了其在水溶液 Hg^{2+} 可视化检测中的实用性。通过 HDTC 与 Hg^{2+} 的表面螯合反应，Hg^{2+} 可以选择性、高效地淬灭水性 HDTC 修饰量子点(HDTC-QDs)的荧光，检测限为 1 ppb。最有趣的是，随着 Hg^{2+} 添加量的增加，HDTC 量子点的橙色荧光逐渐变为红色，荧光强度也随之降低。利用这种光学现象，通过将 HDTC 量子点固定在波长范围内背景荧光较低的醋酸纤维素纸上，开发了一种用于水溶液 Hg^{2+} 检测的纸质传感器。该纸质传感器对 Hg^{2+} 的视觉检测具有较高的灵敏度和选择性。当 Hg^{2+} 滴到纸传感器上时，根据 Hg^{2+} 的浓度，可以清楚地观察到明显可分辨的荧光颜色演变。目视法检测水中 Hg^{2+} 的检测限低至 0.2 ppm。该工作报道的非常简单有效的策略有助于开发用于汞污染控制的便携式和可靠的荧光化学传感器。

铅化合物被广泛应用于涂料颜料、焊料、蓄电池、水管、辐射防护罩、弹药和汽油添加剂中，导致广泛的铅污染，严重威胁环境和人类健康。铅是一种重金属元素，很难在化学和生物中解毒，因此当暴露于受污染的水源和空气中时，很容易在人类神经和心血管系统中积累。此外，铅离子可以很容易地与酶或蛋白质上的硫基基团结合，一旦被人体吸收，就会抑制它们的活动。因此，美国环境保护署(EPA)已将饮用水中铅的最高允许水平设定为 72

nM(15.0 ppb)，美国疾病控制和预防中心(CDC)也将血铅升高的阈值设定为 480 nm(100 ppb)。目前，铅测定采用了几种分析方法，如原子吸收光谱法(AAS)，电感耦合等离子体原子发射光谱法(ICP-AES)、阳极溶出伏安法、电感耦合等离子体质谱法(ICPMS)。这些技术通常需要昂贵、复杂的仪器和较长的样品制备时间，这阻碍了它们在现场测量中的实际应用。因此，有必要开发一种可靠的、低成本、快速的、现场的和可视化分析技术，用于灵敏地和选择性地测定铅离子。

朱后娟等将嵌入二氧化硅纳米颗粒中的量子点(QD)和金纳米团簇(Au-NCs)结合起来，制备了一种新的比率探针，用于通过荧光颜色变化视觉识别 Pb^{2+}。双发射荧光纳米杂交探针在单波长激发下有两个发射峰。通过金原子和巯基之间的相互作用，发射绿色荧光的 Au-NCs 共价连接到二氧化硅纳米颗粒表面。量子点的红色荧光对 Pb^{2+} 不敏感，经谷胱甘肽(GSH)和巯基丙酸(MPA)修饰的金纳米晶的绿色荧光可被 Pb^{2+} 选择性淬灭。随着 Pb^{2+} 含量的增加，双发射强度比不断变化，导致荧光颜色从绿色持续变化为黄色(肉眼可以清楚地观察到)。基于比率和颜色变化特征，比率探针可用于定性识别和定量分析。该方法具有低干扰和高选择性，检测限低至 3.5 nm，远低于铅的允许水平[饮用水(EPA)中的 Pb^{2+} 的浓度为 72 nM]。此外，他们进一步应用比率探针目视识别实际水样中的 Pb^{2+}，包括自来水、矿泉水、内蒙古地下水和海水。此外，使用掺杂有比率探针的聚乙烯醇(PVA)薄膜的简单测试装置也已成功用于现场目视测定，并通过荧光颜色变化实现铅离子的检测限达到 0.1 μM(1 μM=1×10^{-6} mol/L)。

3.5.3 检测农药残留

有机磷农药(OP)是使用最为广泛的一类农药，是五价磷的膦酸和相关酸发生反应生成的酯，自 20 世纪 40 年代到 70 年代得到飞速发展，在世界各地被广泛使用，有 140 多种有机磷化合物曾经或正在被用作农药。由于其对非靶标生物的毒性高和存在潜在迟发性神经毒性，已经造成严重的全球环境污染和生态破坏。自有机氯农药被禁以来，有机磷农药成为我国使用量最大的农药，所占杀虫剂农药比例在 70%以上。广泛使用中的有机磷农药品种大部分属于高毒性农药，大量使用会造成许多潜在的危害，如污染环境、残留药害及人畜中毒等，尤其是在农牧产品和食品中的有机磷农药残留所引起的中毒现象十分严重，已经对生态环境、食品安全和人体健康构成了严重威胁[76-78]。美国环境保护署(EPA)已经对各种有机磷农药在环境和农产品中的残留量规定严格的限制标准，即最高残留限量(MRL)。据世界卫生组织统计，全世界每年农药中毒人数约 300 万人，其中有机磷中毒者占 70%。我国每年农药中毒者约 10 万人，有机磷中毒者占 89.64%。因此，有机磷农药残留监测体系的建立和食品安全的实现，都对有机磷残留分析检测水平提出了很高的要求，发展快速、可靠、高灵敏度的有机磷农药残留分析鉴定方法显得极为重要。

有机磷农药残留分析最早仅局限于化学法和生物测定法，检测方法灵敏度低。20 世纪 60 年代以来，色谱技术的广泛应用推动了有机磷农药残留分析的发展，成为主要的分析方法。应用于检测有机磷的色谱方法主要有薄层色谱法、气相色谱法和高效液相色谱法。随着新技术的开发和应用，有机磷农药残留分析又有了新的发展，这些新的分析技术包括现代光谱分析、现代色谱分析、波谱-色谱联用、酶联免疫分析、生物传感和化学计量与信息技术等。这些方法大部分可以达到农药残留痕量分析的要求，并具有很高的精度和灵敏度，但是它们都不同程度存在着操作复杂、费时费力、成本高等缺点。例如，气相色谱法一直是检测环境中有机磷农药最通用的方法，但是该方法涉及样品的提取、纯化、浓缩等许多复杂的预处理过程，导致监测速度慢、连续性差，而且所用监测仪器体积庞大、价格昂贵，因而不适用于有机磷农药的连续在线监测；酶抑制率法＋分光光度法已被列入国家推荐标准《蔬菜中有机磷和氨基甲酸酯类农药残留量的快速检测》(GB/T 5009.199—2003)，成为对果蔬中有机磷和氨基甲酸酯类农药残留进行现场快速初筛/定性检测的主流技术之一，但是酶抑制法有一个共同的缺点：不能将存在于同一样品中的有机磷和氨基甲酸酯类农药区分开。随着人们对环保问题的日益关注，对食品安全意识的逐步提高，对有机磷农药检测限的要求将会更低，因此发展灵敏可靠的检测技术面临新的机遇和挑战。

近年来，分析化学家们致力于开发简单的、在线检测有机磷农药的化学传感器，这些化学传感器较耗时，离线的基于大型仪器的传统检测方法具有明显的优势。例如，乙酰胆碱酯酶或有机磷水解酶已经被作为识别单元用于选择性结合、分解和检测有机磷农药。另外，各种具有特殊性质的纳米结构材料的出现，为有机磷农药残留分析提供新的检测手段，为研发新型的、灵敏的化学生物传感器创造了一片新天地。不同纳米结构材料的性质，包括碳纳米管的电学性质、金纳米粒子免疫检测、半导体量子点荧光淬灭、分子印迹纳米材料[79-80]等结合生物传感技术用于农药残留分析的研究已有报道。例如，X. J. Ji 等[81]将量子点与有机磷水解酶结合，通过量子点的荧光淬灭与底物甲基对硫磷浓度的线性关系，能够敏感地检测到 10 nM 的甲基对硫磷。Z. Z. Zheng 等[82]采用层层自组装技术(layer-by-layer assembly, LBL)将量子点与酶有序组装成生物传感器，将量子点光学特性与酶的催化活性和特异性相结合，成功实现了用于检测果蔬中甲基对硫磷的检测。然而这些量子点纳米生物传感器所用的生物敏感材料不稳定、使用寿命短、价格昂贵且来源有限，因此在实际应用中会遇到难以克服的困难。构建无酶和抗体参与的新型化学传感器代替生物传感器是解决未来有机磷农药检测系统现场应用的关键。在这些化学传感器的设计思想中，设计可以用肉眼观测或者简单测量到的颜色变化或荧光变化来达到检测分析物的目的，一直是化学家们追求的目标。近年来，基于纳米材料的光学信号设计荧光增强型传感器(turn-on sensors)引起了化学家们很大的研究兴趣，因为荧光增强型传感器由于低的背景信号具有高的选择性和灵敏性，并具有广泛的应用范围。其中，基于荧光共振能量转移的量子点 turn-on 型传感器是一个被广泛研究的经典体系，已经被用于检测金属离子[83-84]、小分子[85-86]、生物分子和细胞。但是，组装荧光共振能量转移基的量子点传感器大多数需要对量子点表面进行复杂的修饰，包括绑定生物分子接受体和选择染料淬灭剂，化学处理过程极其烦琐。因此，到目前为止，设计荧光共振能量转移基量子点 turn-on 型传感器来选择性地敏感检测有机磷农药还没有被实现。

K. Zhang 等[87]开发了一种基于表面配体取代诱导的碲化镉量子点开关。通过表面配体取代诱导碲化镉量子点荧光增强机制，达到对含 P═S 键的硫代磷酸酯型有机磷农药的高选择性敏感检测。荧光开启响应对含 P═S 键有机磷农药是专一性的，对农药毒死蜱的检测限低至约 0.1 nM。更重要的是，这种荧光化学传感器可直接检测出苹果样品中 5.5 ppb 的毒死蜱农药残留，该结果比美国环境保护署规定的毒死蜱在苹果中的最大残留限量(10 ppb)还要低。该工作中，选用的量子点为发射波长为 520 nm 的发绿光的碲化镉量子点。碲化镉量子点按经典水相合成法合成，合成过程中使用过量的氯化镉导致量子点表面存在大量裸露的不饱和的镉离子。而二硫腙作为一种二齿螯合配体，能够与很多金属离子（如镉、锌、铅、汞、铜等）配位形成有色配合物，已经被广泛研究。当碲化镉量子点溶液用氢氧化钠调节到高的碱性（pH＝12）条件下时，加入二硫腙以后，碲化镉量子点表面的镉离子与二硫腙螯合形成配合物绑定在量子点表面。这种二硫腙-镉配合物强烈的淬灭量子点的绿色荧光，是量子点的发射峰与二硫腙-镉配合物的吸收峰重叠而发生荧光共振能量转移（FRET）引起的。当硫代磷酸酯型有机磷农药毒死蜱加入这个体系中，毒死蜱分子在强碱性条件下快速水解成硫代二乙氧基磷酸（diethylphosphorothioate，DEP）和三氯吡啶酚（3，5，6-trichloro-2-pyridinol，TCP），其中含 P ═ S 键的 DEP 部分由于与金属离子具有更强的配位能力而能够取代绑定在量子点表面的二硫腙分子。由于发生配位取代后，在量子点表面的 DEP-镉配合物在可见光区没有吸收，不存在量子点的发射峰与 DEP-镉配合物的吸收峰重叠现象，因此，不会发生荧光共振能量转移，即关闭表面配体取代前的 FRET 过程，从而导致量子点的荧光恢复。综上所述，基于表面配体诱导的量子点开关原理，可实现对硫代磷酸酯型有机磷农药的敏感检测。

3.5.4　检测爆炸物(TNT，PA)

爆炸物危害社会稳定和国家安全，据联合国统计，现在全球 60 个国家的土地上埋设了大约 1.2 亿多颗未被引爆的地雷，并且每年又有大约 200 万颗地雷被埋设，而仅有 10 万颗的地雷被排除，对平民安全造成了较大的威胁并严重污染了当地环境[88]。因此，如何检测隐藏爆炸物已成为各国相关部门共同面对的紧迫任务。由于爆炸物品种繁多，隐藏手段和策略又多种多样，给检测工作带来了诸多不便，再加上大多数爆炸物的蒸气压都很低，导致对爆炸物的检测一直都是一个挑战性难题。

绝大多数爆炸物都含有硝基化合物，2，4，6-三硝基甲苯（TNT）、三硝基苯酚（Picric Acid，苦味酸）、二硝基甲苯（DNT）、黑索金（RDX）和三硝基苯甲硝胺（Tetryl，特屈儿）都是常见的硝基爆炸物。其中，TNT 是一种常用的烈性混合爆炸物的主要成分。据统计，在 21 种与爆炸相关的混合物中都含有 TNT。这些遗留在环境中的爆炸物是极其危险的，其主要成分 TNT 能够引起肝功能失常、贫血症，并可能致癌。因此对 TNT 等硝基爆炸物的检测具有重大且深远的意义。

目前针对爆炸物探测主要分为两大类：针对可见数量的块体爆炸物探测和痕量爆炸物探测。前者主要包括人工检测、动物嗅探、金属探测、X 射线成像法、核技术、中子法、共振法等，后者按照信号输出方式可分为离子迁移谱法、电化学分析法、光学分析法、化学与生物传感方法等。但是有些方法有时并不是十分有效。例如警犬被视为检测爆炸性气体的一种最可靠的工具，但是由于警犬需要人的精心照料和训练且容易产生疲劳，并不能做到准确和连续性探测。金属探测法经常被用作非直接的方法探测金属外壳的爆炸物，当地雷都采用塑料外壳，这种方法就显得不是很有应用价值，其缺陷相当明显。其他基于大型仪器的检测方法尽管有很高的敏感性，但是需要专门培训技术人员，检测费用昂贵且只能离线检测不易进行现场检测。

尽管传统的分析方法能够满足分析中的基本要求，但是这些检测方法总是存在仪器体积巨大笨重、操作烦琐耗时、价格昂贵且样品必须是脱离检测现场送往实验室去分析，不能够做到实时实地检测。因此，有必要寻求一种能够快速和便捷的可以现场检测 TNT 的方法[89]。光学分析方法以其操作方便、过程简单、稳定性好等优点，在爆炸物检测方面发挥着重要作用[90-92]。其中，吸收法在光谱分析方法中最为简单，因吸收峰移动产生的颜色变化可用于爆炸物的可视化检测。例如，B. Stenuit 等[93]通过吸收型比色法可定量 TNT 生物降解后产生的 NO_2^- 或铵根离子，从而实现对 TNT 的快速检测。化学所毛兰群研究组报道了 TNT 分子能够使氨基化的金纳米粒子聚集，从而发生红色到蓝色的颜色变化，其对 TNT 的检测限低至 pM 量级[94]。最近，清华大学李景虹研究组发展出了电化学-比色复合的传感器，通过将离子液体覆盖在 ITO 表面，对含有不同硝基的爆炸物进行选择性富集，随后通过电化学方法对富集的爆炸物进行还原，再通过光学成像装置将还原产物的颜色分解为红、绿、蓝三色(RGB)，形成 RGB 光谱。由于不同爆炸物的还原产物呈现出特征 RGB 光谱，因此该方法对硝基爆炸物具有较高的灵敏度和选择性，其对检测 TNT、PA 的检测限可达数十 ppt(1 ppt=1 ng/L)，并具有较高的鉴别能力[95]。

由于硝基爆炸物的缺电子特性容易引起电子转移和共振能量转移，从而导致荧光的变化，因此用荧光化学传感器检测硝基化合物近年来引起了人们很大的兴趣，并有较快的发展。蝶烯类聚合物荧光材料探测爆炸物已经被广泛研究。美国 MIT 的 Swager 教授在该类荧光传感器领域取得了突破性进展，Nomadic 公司采用他研发的有机共轭高分子薄膜为核心材料，制备出接近实用的微痕量硝基芳烃类炸药探测装置。Trogler 研究组在 Metallole 类聚合物领域开展了较多的研究工作。他们将聚合物样品喷涂在滤纸上，加入毫微克级的 TNT 粉末，在 340 nm 的紫外光激发下，聚合物的荧光淬灭现象肉眼可见，能够在一定程度上实现可视化检测。近年来，本研究组在爆炸物荧光检测方面也取得了多项研究成果，发现了纳米粒子表面放大的荧光共振能量转移现象，并据此构筑出基于氧化硅纳米粒子[96]和反蛋白结构的荧光传感器[97]，将响应信号放大 10 倍，实现了 pg 量级 TNT 的敏感检测。利用巯乙胺对锰掺杂的 ZnS 量子点进行修饰[98]，通过表面氨基与 TNT 之间强的作用使得荧光淬灭常数提高 2～5 倍，检测限达到 ppb 量级。

在近几年发展的痕量爆炸物检测的荧光分析方法中，以半导体量子点和拥有很高荧光量子产率荧光掺杂型纳米粒子作为光学单元的化学/生物传感器显示出了巨大的发展潜力。发展“纳米粒子实验室”技术将提供一种更具有灵活性的传感器设计策略，这种灵活性的策略允许光学可调和特定功能化修饰，能够提供高比表面积以更好的接触和捕获识别目标分析物。从原理上来说，基于纳米粒子的传感器可以通过共价耦联两个组分，即识别接受体结合目标分子和信号的接受体(发色基团)。最典型的就是 E. R. Goldman 等[86]将生物抗体和酶连接到半导体量子点上，利用量子点的荧光共振能量转移(FRET)的信号输出，构造出对 TNT 分子的具有强信号输出的生物纳米传感器。

K. Zhang 等[99]报道了一种基于双发射量子点的比率荧光探针，建立了即时、现场和可视化的检测信封、合成纤维包、橡皮等表面的痕量 TNT 残留的新方法。即时现场鉴定在各种表面上的痕量 TNT 爆炸物显得极为重要。特别是在机场、码头、车站、邮件分拣中心及其他民用场所，现场检测爆炸性物品是一件关乎国家和人民生命财产安全的事情。目前的检测策略已趋于向便于携带、可视化检测、易于操作的敏感技术(如化学/生物传感器)方向发展。由于 TNT 的蒸汽压低，极易附着在固体表面，因此，快速现场鉴定可疑物体表面的痕量 TNT 残留是一个具有挑战性的工作。该比率荧光探针，采用双发射量子点杂化纳米粒子作为识别单元能够特异性识别 TNT，并以比率荧光信号输出和颜色的改变可视化地指示 TNT 的存在。

该工作采用比率荧光检测的方法来设计探针检测 TNT。比率荧光检测是指两个荧光发射强度的比值随着目标分析物的变化而变化。比率荧光检测的一个突出优点是通过强度比值的变化提高动态响应的范围，通过建立内标，极大地削弱其他因素的干扰，实现对目标分析物的定量检测。但是由于有机染料激发光谱狭窄且发射光谱大都有拖尾现象，实现多发射信号输出存在困难，到目前为止开发比率荧光探针检测 TNT 还未见文献报道。量子点拥有激发范围宽、单一波长可激发多发射光谱、发射光谱窄等优点，对构建比率荧光探针具有得天独厚的优势，其高效率的发光特性可进一步实现可视化检测。

首先通过 Stöber 方法合成包埋红色荧光量子点的氧化硅纳米粒子，然后在氧化硅纳米粒子表面共价键合绿色荧光量子点构筑双发射量子点比率荧光探针超结构。该比率荧光探针在单一波长的激发下具有独特的、较好分辨的双发射带(图 3-5)[100]。探针表面的绿色量子点用聚丙烯胺功能化，以修饰的氨基结合识别爆炸物 TNT。缺电子的 TNT 分子能够与富电子的伯胺反应形成一个名为 Meisenheimer 的复合物，并在可见光区产生一个强的吸收峰，我们先前做的工作已经对此现象进行了系统研究。因此，聚丙烯胺链上的氨基基团通过形成 Meisenheimer 复合物的方式识别 TNT 分子，比率探针外层的量子点与结合 TNT 形成的 Meisenheimer 复合物间发生荧光共振能量转移而淬灭荧光。同时，比率探针内部的发红光量子点的荧光并不受 TNT 的影响，以此建立内标。通过双发射比率探针的强度比值的变化输出光学信号，并导致荧光颜色由绿色到红色的改变，从而实现对爆炸物 TNT 的可视化检测。

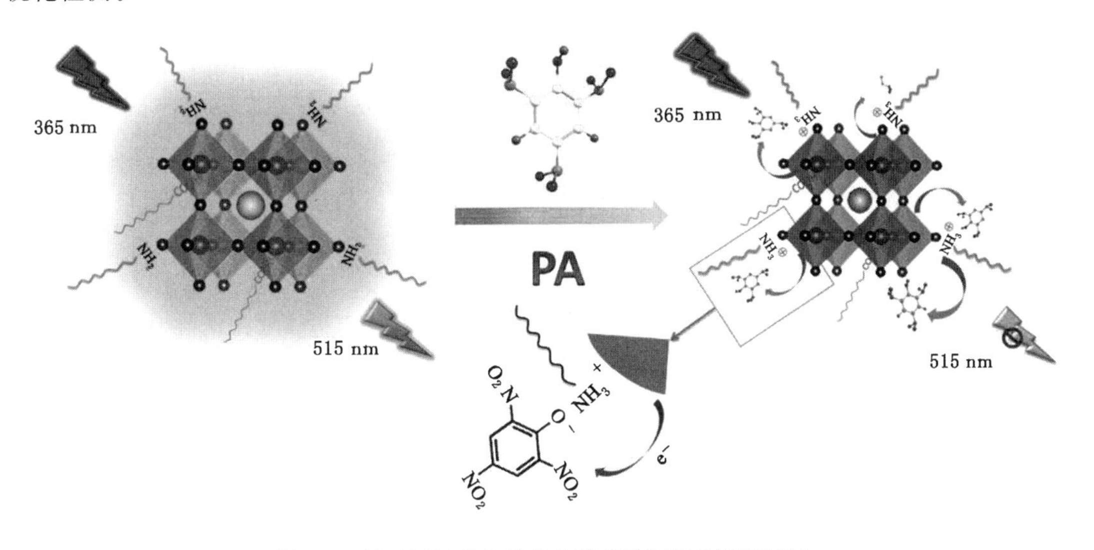

图 3-5　基于钙钛矿量子点的苦味酸荧光检测原理图

作为硝基芳香炸药之一，苦味酸(PA)已被广泛用于军事工业材料的制备中。自第一次世界大战开始，因为它比 2,4,6-三硝基甲苯(TNT)具有更强大的爆炸性暴力，后者已被美国 OSHA(职业安全与健康管理局)归类为爆炸性 A 类。当前，PA 更常见于烟花、火柴、染料和羊毛织物等，而由此产生的污染不可避免地排放到人类生活环境中。苦味酸对人的眼睛、皮肤、呼吸道和消化道等会产生毒性作用，长期接触还会对肝脏和肾脏产生损伤，特别是在哺乳动物的新陈代谢中。同时,PA 也可以转化为色氨酸,导致比 PA 强至 10 倍的基因突变的可能性[101]。因此,出于对公共安全和民众健康的考虑,需要开发灵敏、高选择性和便捷的方法以从硝基芳香炸药中鉴别出 PA。

迄今为止,全无机铯铅卤($CsPbX_3$)量子点作为一种新型荧光材料,因其理想的光学和电学性能引起了极大的关注。高量子产率(QYs)、卓越的光电转换效率和多色电致发光使其在发光二极管(LED)[102]、太阳能[103]和其他光学领域的应用潜力巨大[104]。与此同时,将 PQDs 用于化学/生物传感所具有的重要意义,对纳米科技的发展起到巨大的推动作用。但目前只有少数工作将 PQDs 成功应用于荧光传感领域,主要是因为它们易受极性溶剂的影响。徐翔星团队率先将 $CsPbX_3$ 应用于检测金属离子,特别是油相中的 Cu^{2+} 离子,马媛媛等基于气态阴离子交换的原理利用 $CsPbBr_3$ 来检测 HCl 蒸汽。这些工作在很大程度上推动了 PQDs 在该领域的发展,但仍然存在广阔的探索空间。

X. F. Chen 等[105]利用全无机钙钛矿量子点 $CsPbBr_3$/$CsPbI_3$ 作为荧光传感器,实现了对有机相中超痕量 PA 的高灵敏度和选择性检测,检测限低至 0.8 nM。如图 3-5 所示,在 PQDs 的表面上修饰了大量的油胺(OAm)和油酸(OAc)长链分子,当接触 PA 时,由于静电作用而辅助了电子转移,使得 PQDs 的荧光被 PA 灵敏淬灭。此外,利用喷墨打印技术成功制造了基于 PQDs 探针的 PA 纸张传感器,其检测限为 29 ng/mm^2。这种纸传感器可以在后期进一步拓展应用于对不同表面残余 PA 的监测。

3.5.5 检测放射性核素铀酰

铀是一种具有放射性的元素,也是核工业和核武器所用到的主要成分。近些年伴随着核工业的不断发展,人们接触铀的可能性也在逐渐增加[106-107]。铀在水介质中具有重离子存在形式,其中最稳定、最易溶解的形式是铀酰,可以通过生态循环进入地面或地表水系统。铀酰的化学毒性和放射性可能对生物体的肾脏、大脑等造成不可逆的伤害,并进一步导致体内消化、免疫、造血和生殖系统紊乱[6-8]。因此,开发高灵敏度和选择性的方法来检测水介质中的铀酰离子是当务之急。

目前的铀酰检测技术主要取决于设备分析,如拉曼光谱法、X 射线荧光光谱法、原子荧光光谱法、电感耦合等离子体质量光谱法(ICP-MS)和激光荧光法(激光诱导动力学磷光法和时间分辨激光荧光光谱法)等。这些基于仪器设备的铀酰离子检测实现了低检测限制,并在过去几十年中得到广泛应用,但是这些方法往往样品前处理技术复杂烦琐,成本也很昂贵。为了打破这种束缚,多种纳米材料传感器通过使用不同的技术来检测不同环境中的铀酰离子,包括比色法、电化学法以及荧光法等。这些方法中,荧光法一直是热点研究方法之一,因为其不但具有高度的灵敏性和特异性,而且可以现场检测。目前主流的荧光材料主要包括有机分子探针和无机物纳米粒子探针,有机探针的合成过程往往费时耗力,经常会产生对环境和人体有害的副产物。相反,无机纳米荧光探针由于其合成过程相对简单,成本低,具有稳定的荧光和快速响应等特性而在近些年得到快速发展。然而,无机纳米粒子探针对金属离子的选择性不是很好,响应机理往往不够明确,对于开发在环境应用中具有高选择性的无机纳米粒子探针仍然是一个挑战。

X. F. Chen 等[108]使用 MPA 表面功能修饰的 CdTe-MPA 量子点检测铀酰离子,该方法检测限可达 4 nM,远低于目前在水溶液中检测铀酰的检测限。同时在用掩蔽剂处理后,可

以有效地区别于 Pb^{2+}、Hg^{2+}、Cu^{2+} 离子。此外，它对铀酰离子有着非常快的响应速度，其荧光在混合反应 1 min 内变得稳定。此外，CdTe-MPA QDs 具有出色的荧光稳定性和抗漂白性。探针的检测线性浓度范围为 0～521 nM，能够对不同浓度的铀酰离子实行定量检测。最后，该探针可以用于对不同的水样进行实验检测，使在环境中实时监测铀酰离子的浓度具有了良好的前景。

另外，X. F. Chen 等[109]首次通过将绿色发射的碳量子点和红色发射的 CdTe 量子点通过物理混合开发出了一种比率荧光探针，用于快速和灵敏的铀酰离子检测。由于碳量子点具有较好的光化学稳定性和对各种金属离子的化学惰性，本章中选择由尿素合成的具有绿色荧光的碳量子点作为内标信号，而红色发射的 MPA@CdTe QDs 作为响应单元，因为 MPA 分子含有羧基和双硫醇基团，可以与铀酰离子反应并可能形成电荷转移复合物。在添加铀酰离子后，比率荧光探针在 525 nm 和 640 nm（I_{525}/I_{640}）处的荧光强度比值逐渐增大，并且相应的颜色在紫外灯下逐渐从红色连续变为绿色，表明其可用于进一步的定量测量和视觉识别。此外，该比率探针具有优异的光谱性质、良好的水溶性、低光漂白和光学闪烁，使得其更适合在各种水环境条件下灵敏地检测铀酰离子。进一步，他们设计并建立了与比率荧光探针相结合的便携式智能手机平台，用于铀酰离子的现场即时检测。为了构建该框架，首先将铀酰离子和响应比率探针以不同浓度混合，然后将不同的反应溶液固定在醋酸纤维素测试条上。将检测条放入配备 365 nm 输出光源的智能手机配件中。再用智能手机的相机记录测试纸上铀离子诱导的比率探针的颜色变化，然后通过颜色识别的 aPP（concentration detection）分析相应的数字图像。aPP 可以快速识别图像的颜色并将其转换为数字信息。这项工作展示了一个基于智能手机的检测平台，该方法不仅可以实现对环境中铀酰离子浓度的实时监测，还可以拓展应用到其他典型的污染物检测传感平台。

参考文献

[1] MINET O, DRESSLER C, BEUTHAN J. Heat stress induced redistribution of fluorescent quantum dots in breast tumor cells[J]. Journal of fluorescence, 2004, 14(3): 241-247.

[2] SHAH B S, CLARK P A, MOIOLI E K, et al. Labeling of mesenchymal stem cells by bioconjugated quantum dots[J]. Nano letters, 2007, 7(10): 3071-3079.

[3] TOKUMASU F, DVORAK J. Development and application of quantum dots for immunocytochemistry of human erythrocytes[J]. Journal of microscopy, 2003, 211(3): 256-261.

[4] VU T Q, MADDIPATI R, BLUTE T A, et al. Peptide-conjugated quantum dots activate neuronal receptors and initiate downstream signaling of neurite growth[J]. Nano letters, 2005, 5(4): 603-607.

[5] WU X Y, LIU H J, LIU J Q, et al. Immunofluorescent labeling of cancer marker Her2 and other cellular targets with semiconductor quantum dots [J]. Nature biotechnology, 2003, 21(1): 41-46.

[6] ZHOU M, NAKATANI E, GRONENBERG L S, et al. Peptide-labeled quantum dots

for imaging GPCRs in whole cells and as single molecules[J]. Bioconjugate chemistry,2007,18(2):323-332.

[7] ALIVISATOS A P,GU W W,LARABELL C. Quantum dots as cellular probes[J]. Annual review of biomedical engineering,2005,7:55-76.

[8] ANIKEEVA N, LEBEDEVA T, CLAPP A R, et al. Quantum dot/peptide-MHC biosensors reveal strong CD8-dependent cooperation between self and viral antigens that augment the T cell response[J]. Proceedings of the national academy of sciences of the United States of America,2006,103(45):16846-16851.

[9] HSIEH S C,WANG F F,LIN C S,et al. The inhibition of osteogenesis with human bone marrow mesenchymal stem cells by CdSe/ZnS quantum dot labels[J]. Biomaterials,2006,27(8):1656-1664.

[10] VOURA E B,JAISWAL J K,MATTOUSSI H,et al. Tracking metastatic tumor cell extravasation with quantum dot nanocrystals and fluorescence emission-scanning microscopy[J]. Nature medicine,2004,10(9):993-998.

[11] EKIMOV A I, EFROS A L, ONUSHCHENKO A A. Quantum size effect in semiconductor microcrystals[J]. Solid state communications,1985,56(11):921-924.

[12] EFROS A L,ROSEN M,KUNO M,et al. Band-edge exciton in quantum dots of semiconductors with a degenerate valence band:dark and bright exciton states[J]. Physical review B,1996,54(7):4843-4856.

[13] CHO A Y,ARTHUR J R. Molecular beam epitaxy[J]. Progress in solid state chemistry,1975,10:157-191.

[14] KLIMOV V I. Multicarrier interactions in semiconductor nanocrystals in relation to the phenomena of auger recombination and carrier multiplication[J]. Annual review of condensed matter physics,2014,5:285-316.

[15] GARCÍA DE ARQUER F P,TALAPIN D V,KLIMOV V I,et al. Semiconductor quantum dots:technological progress and future challenges[J]. Science,2021,373(6555):eaaz8541.

[16] GURIOLI M,WANG Z M,RASTELLI A,et al. Droplet epitaxy of semiconductor nanostructures for quantum photonic devices[J]. Nature materials,2019,18(8):799-810.

[17] AYER M. Bridging two worlds: colloidal versus epitaxial quantum dots[J]. Annalender physik,2019,531(6):35-42.

[18] VAUGHN II D D,SCHAAK R E. Synthesis,properties and applications of colloidal germanium and germanium-based nanomaterials[J]. Chemical society reviews,2013,42(7):2861-2879.

[19] WANG F,PANG S P,WANG L,et al. One-step synthesis of highly luminescent carbon dots in noncoordinating solvents[J]. Chemistry of materials,2010,22(16):4528-4530.

[20] PROTESESCU L,YAKUNIN S,BODNARCHUK M I,et al. Nanocrystals of cesium

lead halide perovskites ($CsPbX_3$, X = Cl, Br, and I): novel optoelectronic materials showing bright emission with wide color gamut[J]. Nano letters, 2015, 15(6): 3692-3696.

[21] BOLES M A, LING D S, HYEON T, et al. The surface science of nanocrystals[J]. Nature materials, 2016, 15(2): 141-153.

[22] WEIDMAN M C, SMILGIES D M, TISDALE W A. Kinetics of the self-assembly of nanocrystal superlattices measured by real-time in situ X-ray scattering[J]. Nature materials, 2016, 15(7): 775-781.

[23] SHEVCHENKO E V, TALAPIN D V, KOTOV N A, et al. Structural diversity in binary nanoparticle superlattices[J]. Nature, 2006, 439(7072): 55-59.

[24] MURRAY C B, NORRIS D J, BAWENDI M G. Synthesis and characterization of nearly monodisperse CdE (E = sulfur, selenium, tellurium) semiconductor nanocrystallites[J]. Journal of the American chemical society, 1993, 115(19): 8706-8715.

[25] PENG Z A, PENG X G. Formation of high-quality CdTe, CdSe, and CdS nanocrystals using CdO as precursor[J]. Journal of the American chemical society, 2001, 123(1): 183-184.

[26] RAJH T, MICIC O I, NOZIK A J. Synthesis and characterization of surface-modified colloidal cadmium telluride quantum dots[J]. The journal of physical chemistry, 1993, 97(46): 11999-12003.

[27] ROGACH A L, KATSIKAS L, KORNOWSKI A, et al. Synthesis and characterization of thiol-stabilized CdTe nanocrystals[J]. Berichte der bunsengesellschaft für physikalische chemie, 1996, 100(11): 1772-1778.

[28] ZHANG H, WANG L, XIONG H, et al. Hydrothermal synthesis for high-quality CdTe nanocrystals[J]. Advanced materials, 2003, 15(20): 1712-1715.

[29] FANG Z, LIU L, XU L L, et al. Synthesis of highly stable dihydrolipoic acid capped water-soluble CdTe nanocrystals[J]. Nanotechnology, 2008, 19(23): 235603.

[30] TALAPIN D V, ROGACH A L, MEKIS I, et al. Synthesis and surface modification of amino-stabilized CdSe, CdTe and InP nanocrystals[J]. Colloids and surfaces a: physicochemical and engineering aspects, 2002, 202(2/3): 145-154.

[31] ROGACH A L, FRANZL T, KLAR T A, et al. Aqueous synthesis of thiol-capped CdTe nanocrystals: state-of-the-art[J]. The journal of physical chemistry c, 2007, 111(40): 14628-14637.

[32] ZHANG H, ZHOU Z, YANG B, et al. The influence of carboxyl groups on the photoluminescence of mercaptocarboxylic acid-stabilized CdTe nanoparticles[J]. The journal of physical chemistry b, 2003, 107(1): 8-13.

[33] QIAN H F, DONG C Q, WENG J F, et al. Facile one-pot synthesis of luminescent, water-soluble, and biocompatible glutathione-coated CdTe nanocrystals[J]. Small, 2006, 2(6): 747-751.

[34] LI L, QIAN H F, REN J C. Rapid synthesis of highly luminescent CdTe nanocrystals

in the aqueous phase by microwave irradiation with controllable temperature[J]. Chemical communications,2005(4):528-530.

[35] WANG,ZHANG H,ZHANG,et al. Application of ultrasonic irradiation in aqueous synthesis of highly fluorescent CdTe/CdS core - shell nanocrystals[J]. The journal of physical chemistry C,2007,111(6):2465-2469.

[36] MURTHY A,Vairavamurthy. The interaction of hydrophilic thiols with cadmium: investigation with a simple model,3-mercaptopropionic acid[J]. Marine chemistry, 2000,70(1/2/3):181-189.

[37] MONTALTI M, CANTELLI A, BATTISTELLI G. Nanodiamonds and silicon quantum dots: ultrastable and biocompatible luminescent nanoprobes for long-term bioimaging[J]. Chemical society reviews,2015,44(14):4853-4921.

[38] CHINNATHAMBI S, CHEN S, GANESAN S, et al. Silicon quantum dots for biological applications[J]. Advanced healthcare materials,2014,3(1):10-29.

[39] DOHNALOVÁ K,PODDUBNY A N,PROKOFIEV A A,et al. Surface brightens up Si quantum dots: direct bandgap-like size-tunable emission[J]. Light: science & applications,2013,2(1):e47.

[40] TAKAGAHARA T, TAKEDA K. Theory of the quantum confinement effect on excitons in quantum dots of indirect-gap materials[J]. Physical review b,1992,46(23):15578-15581.

[41] KLIMOV V I,IVANOV S A,NANDA J,et al. Single-exciton optical gain in semiconductor nanocrystals[J]. Nature,2007,447(7143):441-446.

[42] SMITH A M,NIE S M. Semiconductor nanocrystals:structure,properties,and band gap engineering[J]. Accounts of chemical research,2010,43(2):190-200.

[43] NIRMAL M,BRUS L. Luminescence photophysics in semiconductor nanocrystals [J]. Accounts of chemical research,1999,32(5):407-414.

[44] DOHNALOVÁ K, GREGORKIEWICZ T, KÚSOVÁ K. Silicon quantum dots: surface matters[J]. Journal of physics:condensed matter,2014,26(17):173201.

[45] ZHOU Z Y,BRUS L,FRIESNER R. Electronic structure and luminescence of 1. 1- and 1. 4-nm silicon nanocrystals: oxide shell versus hydrogen passivation[J]. Nano letters,2003,3(2):163-167.

[46] DASOG M,YANG Z Y,REGLI S,et al. Chemical insight into the origin of red and blue photoluminescence arising from freestanding silicon nanocrystals[J]. ACS nano, 2013,7(3):2676-2685.

[47] DELERUE C,ALLAN G,LANNOO M. Theoretical aspects of the luminescence of porous silicon[J]. Physical review b,1993,48(15):11024-11036.

[48] WANG Q Q,XU B,SUN J,et al. Direct band gap silicon allotropes[J]. Journal of the American chemical society,2014,136(28):9826-9829.

[49] KANG Z H,LIU Y,LEE S T. Small-sized silicon nanoparticles: new nanolights and nanocatalysts[J]. Nanoscale,2011,3(3):777-791.

[50] KANG Z H, TSANG C H A, WONG N B, et al. Silicon quantum dots: a general photocatalyst for reduction, decomposition, and selective oxidation reactions[J]. Journal of the American chemical society, 2007, 129(40): 12090-12091.

[51] ENGLISH D S, PELL L E, YU Z H, et al. Size tunable visible luminescence from individual organic monolayer stabilized silicon nanocrystal quantum dots[J]. Nano letters, 2002, 2(7): 681-685.

[52] DASOG M, DE LOS REYES G B, TITOVA L V, et al. Size vs surface: tuning the photoluminescence of freestanding silicon nanocrystals across the visible spectrum via surface groups[J]. ACS nano, 2014, 8(9): 9636-9648.

[53] MCVEY B F P, TILLEY R D. Solution synthesis, optical properties, and bioimaging applications of silicon nanocrystals[J]. Accounts of chemical research, 2014, 47(10): 3045-3051.

[54] SUGIMOTO H, FUJII M, FUKUDA Y, et al. All-inorganic water-dispersible silicon quantum dots: highly efficient near-infrared luminescence in a wide pH range[J]. Nanoscale, 2014, 6(1): 122-126.

[55] LI Q, HE Y, CHANG J, et al. Surface-modified silicon nanoparticles with ultrabright photoluminescence and single-exponential decay for nanoscale fluorescence lifetime imaging of temperature[J]. Journal of the American chemical society, 2013, 135(40): 14924-14927.

[56] HESSEL C M, REID D, PANTHANI M G, et al. Synthesis of ligand-stabilized silicon nanocrystals with size-dependent photoluminescence spanning visible to near-infrared wavelengths[J]. Chemistry of materials, 2012, 24(2): 393-401.

[57] HOLMES J D, ZIEGLER K J, DOTY R C, et al. Highly luminescent silicon nanocrystals with discrete optical transitions[J]. Journal of the American chemical society, 2001, 123(16): 3743-3748.

[58] ZHANG J, QIN Z Y, ZENG D W, et al. Metal-oxide-semiconductor based gas sensors: screening, preparation, and integration[J]. Physical chemistry chemical physics, 2017, 19(9): 6313-6329.

[59] WANG X, QIN H, SUN L, et al. CO_2 sensing properties and mechanism of nanocrystalline $LaFeO_3$ sensor[J]. Sensors and actuators b: chemical, 2013, 188: 965-971.

[60] SHAMSI J, URBAN A S, IMRAN M, et al. Metal halide perovskite nanocrystals: synthesis, post-synthesis modifications, and their optical properties[J]. Chemical reviews, 2019, 119(5): 3296-3348.

[61] BOYD C C, CHEACHAROEN R, LEIJTENS T, et al. Understanding degradation mechanisms and improving stability of perovskite photovoltaics[J]. Chemical reviews, 2019, 119(5): 3418-3451.

[62] CHEN Q, DE MARCO N, YANG Y M, et al. Under the spotlight: the organic-inorganic hybrid halide perovskite for optoelectronic applications[J]. Nano today, 2015, 10(3): 355-396.

[63] LIN F Y, LI F M, LAI Z W, et al. Mn^{II}-doped cesium lead chloride perovskite nanocrystals:demonstration of oxygen sensing capability based on luminescent dopants and host-dopant energy transfer[J]. ACS applied materials & interfaces, 2018, 10(27):23335-23343.
[64] SPALDIN N A, CHEONG S W, RAMESH R. Multiferroics:past, present, and future [J]. Physics today, 2010, 63(10):38-43.
[65] ALDAKOV D, REISS P. Safer-by-design fluorescent nanocrystals: metal halide perovskites vs semiconductor quantum dots[J]. The journal of physical chemistry c, 2019, 123(20):12527-12541.
[66] FAN Z, SUN K, WANG J. Perovskites for photovoltaics: a combined review of organic-inorganic halide perovskites and ferroelectric oxide perovskites[J]. Journal of materials chemistry A, 2015, 3(37):18809-18828.
[67] YANG Y H, JING L H, YU X L, et al. Coating aqueous quantum dots with silica via reverse microemulsion method:toward size-controllable and robust fluorescent nanoparticles[J]. Chemistry of materials, 2007, 19(17):4123-4128.
[68] YANG Y, GAO M Y. Preparation of fluorescent SiO_2 particles with single CdTe nanocrystal cores by the reverse microemulsion method[J]. Advanced materials, 2005, 17(19):2354-2357.
[69] JING L H, YANG C H, QIAO R R, et al. Highly fluorescent CdTe@SiO_2 particles prepared via reverse microemulsion method[J]. Chemistry of materials, 2010, 22(2): 420-427.
[70] WANG S H, HAN M Y, HUANG D J. Nitric oxide switches on the photoluminescence of molecularly engineered quantum dots[J]. Journal of the American chemical society, 2009, 131(33):11692-11694.
[71] SUN J, YAN Y H, SUN M T, et al. Fluorescence turn-on detection of gaseous nitric oxide using ferric dithiocarbamate complex functionalized quantum dots[J]. Analytical chemistry, 2014, 86(12):5628-5632.
[72] LI H H, ZHU H J, SUN M T, et al. Manipulating the surface chemistry of quantum dots for sensitive ratiometric fluorescence detection of sulfur dioxide[J]. Langmuir, 2015, 31(31):8667-8671.
[73] YAN Y H, YU H, ZHANG Y J, et al. Molecularly engineered quantum dots for visualization of hydrogen sulfide[J]. ACS applied materials & interfaces, 2015, 7(6): 3547-3553.
[74] YAO J L, ZHANG K, ZHU H J, et al. Efficient ratiometric fluorescence probe based on dual-emission quantum dots hybrid for on-site determination of copper ions[J]. Analytical chemistry, 2013, 85(13):6461-6468.
[75] YUAN C, ZHANG K, ZHANG Z P, et al. Highly selective and sensitive detection of mercuric ion based on a visual fluorescence method[J]. Analytical chemistry, 2012, 84(22):9792-9801.

[76] DIPAKSHI, SHARMA. Analytical methods for estimation of organophosphorus pesticide residues in fruits and vegetables: a review[J]. Talanta, 2010, 82(4): 1077-1089.

[77] TANKIEWICZ M, FENIK J, BIZIUK M. Determination of organophosphorus and organonitrogen pesticides in water samples[J]. Trac trends in analytical chemistry, 2010,29(9):1050-1063.

[78] KOSIKOWSKA M, BIZIUK M. Review of the determination of pesticide residues in ambient air[J]. Trac trends in analytical chemistry, 2010, 29(9):1064-1072.

[79] XIE C G, LI H F, LI S Q, et al. Surface molecular self-assembly for organophosphate pesticide imprinting in electropolymerized poly(p-aminothiophenol) membranes on a gold nanoparticle modified glassy carbon electrode[J]. Analytical chemistry, 2010, 82(1):241-249.

[80] LIANG R N, SONG D A, ZHANG R M, et al. Potentiometric sensing of neutral species based on a uniform-sized molecularly imprinted polymer as a receptor[J]. Angewandte chemie international edition, 2010, 49(14):2556-2559.

[81] JI X J, ZHENG J Y, XU J M, et al. (CdSe)ZnS quantum dots and organophosphorus hydrolase bioconjugate as biosensors for detection of paraoxon[J]. The journal of physical chemistry b, 2005, 109(9):3793-3799.

[82] ZHENG Z Z, ZHOU Y L, LI X Y, et al. Highly-sensitive organophosphorous pesticide biosensors based on nanostructured films of acetylcholinesterase and CdTe quantum dots[J]. Biosensors and bioelectronics, 2011, 26(6):3081-3085.

[83] WANG L Y, YAN R X, HUO Z Y, et al. Fluorescence resonant energy transfer biosensor based on upconversion-luminescent nanoparticles[J]. Angewandte chemie international edition, 2005, 44(37):6054-6057.

[84] HUANG C C, CHANG H T. Selective gold-nanoparticle-based "turn-on" fluorescent sensors for detection of mercury(II) in aqueous solution[J]. Analytical chemistry, 2006, 78(24):8332-8338.

[85] WANG S H, HAN M Y, HUANG D J. Nitric oxide switches on the photoluminescence of molecularly engineered quantum dots[J]. Journal of the American chemical society, 2009, 131(33):11692-11694.

[86] GOLDMAN E R, MEDINTZ I L, WHITLEY J L, et al. A hybrid quantum dot-antibody fragment fluorescence resonance energy transfer-based TNT sensor[J]. Journal of the American chemical society, 2005, 127(18):6744-6751.

[87] ZHANG K, MEI Q S, GUAN G J, et al. Ligand replacement-induced fluorescence switch of quantum dots for ultrasensitive detection of organophosphorothioate pesticides[J]. Analytical chemistry, 2010, 82(22):9579-9586.

[88] STEINFELD J I, WORMHOUDT J. EXPLOSIVES DETECTION: a challenge for physical chemistry[J]. Annual review of physical chemistry, 1998, 49:203-232.

[89] YINON J. Field detection and monitoring of explosives[J]. Trac trends in analytical

chemistry,2002,21(4):292-301.

[90] TOAL S J,TROGLER W C. Polymer sensors for nitroaromatic explosives detection [J]. Journal of materials chemistry,2006,16(28):2871.

[91] MEANEY M S, MCGUFFIN V L. Luminescence-based methods for sensing and detection of explosives[J]. Analytical and bioanalytical chemistry,2008,391(7):2557-2576.

[92] GERMAIN M E,KNAPP M J. Optical explosives detection: from color changes to fluorescence turn-on[J]. Chemical society reviews,2009,38(9):2543-2555.

[93] STENUIT B, AGATHOS S N. Rapid and unbiased colorimetric quantification of nitrite and ammonium ions released from 2,4,6-trinitrotoluene during biodegradation studies: eliminating interferences[J]. International biodeterioration & biodegradation,2009,63(1):116-122.

[94] JIANG Y, ZHAO H, ZHU N N, et al. A simple assay for direct colorimetric visualization of trinitrotoluene at picomolar levels using gold nanoparticles [J]. Angewandte chemie international edition,2008,47(45):8601-8604.

[95] FORZANI E S,LU D L,LERIGHT M J,et al. A hybrid electrochemical-colorimetric sensing platform for detection of explosives[J]. Journal of the American chemical society,2009,131(4):1390-1391.

[96] GAO D M, WANG Z Y, LIU B H, et al. Resonance energy transfer-amplifying fluorescence quenching at the surface of silica nanoparticles toward ultrasensitive detection of TNT[J]. Analytical chemistry,2008,80(22):8545-8553.

[97] FANG Q L,GENG J L,LIU B H,et al. Inverted opal fluorescent film chemosensor for the detection of explosive nitroaromatic vapors through fluorescence resonance energy transfer[J]. Chemistry-a European journal,2009,15(43):11507-11514.

[98] TU R Y,LIU B H,WANG Z Y,et al. Amine-capped ZnS-Mn^{2+} nanocrystals for fluorescence detection of trace TNT explosive[J]. Analytical chemistry,2008,80(9):3458-3465.

[99] ZHANG K,ZHOU H B,MEI Q S,et al. Instant visual detection of trinitrotoluene particulates on various surfaces by ratiometric fluorescence of dual-emission quantum dots hybrid[J]. Journal of the American chemical society,2011,133(22):8424-8427.

[100] STÖBER W,FINK A,BOHN E. Controlled growth of monodisperse silica spheres in the micron size range[J]. Journal of colloid and interface science,1968,26(1):62-69.

[101] WOLLIN K M,DIETER H H. Toxicological guidelines for monocyclic nitro-,amino and aminonitroaromatics, nitramines, and nitrate esters in drinking water [J]. Archives of environmental contamination and toxicology,2005,49(1):18-26.

[102] WANG N N,CHENG L,GE R,et al. Perovskite light-emitting diodes based on solution-processed self-organized multiple quantum wells [J]. Nature photonics, 2016,10(11):699-704.

[103] XING J,YAN F,ZHAO Y W,et al. High-efficiency light-emitting diodes of organo-

metal halide perovskite amorphous nanoparticles[J]. ACS nano, 2016, 10(7): 6623-6630.

[104] VELDHUIS S A, BOIX P P, YANTARA N, et al. Perovskite materials for light-emitting diodes and lasers[J]. Advanced materials, 2016, 28(32): 6804-6834.

[105] CHEN X F, SUN C M, LIU Y, et al. All-inorganic perovskite quantum dots CsPbX3 (Br/I) for highly sensitive and selective detection of explosive picric acid[J]. Chemical engineering journal, 2020, 379: 122360.

[106] WEN J, HUANG Z, HU S, et al. Aggregation-induced emission active tetraphenylethene-based sensor for uranyl ion detection[J]. Journal of hazardous materials, 2016, 318: 363-370.

[107] ASIC A, KURTOVIC-KOZARIC A, BESIC L, et al. Chemical toxicity and radioactivity of depleted uranium: the evidence from in vivo and in vitro studies[J]. Environmental research, 2017, 156: 665-673.

[108] CHEN X F, ZHANG K, YU H, et al. Sensitive and selective fluorescence detection of aqueous uranyl ions using water-soluble CdTe quantum dots[J]. Journal of radioanalytical and nuclear chemistry, 2018, 316(3): 1011-1019.

[109] CHEN X F, MEI Q S, YU L, et al. Rapid and on-site detection of uranyl ions via ratiometric fluorescence signals based on a smartphone platform[J]. ACS applied materials & interfaces, 2018, 10(49): 42225-42232.

第4章　石墨烯和碳量子点

4.1　引言

碳量子点的结构是由 sp^2 或 sp^3 碳、含氮基团和含氧基团以及高分子聚合物组成的。石墨烯量子点含有单层或少层石墨烯，以及连接在边缘的化学基团。它们是各向异性的，横向尺寸大于其高度。碳量子点总是球形的，分为没有晶格的碳纳米粒子和有明显晶格的碳量子点。因此，不同碳量子点的发光中心不同。

石墨烯量子点是石墨烯的纳米级尺寸的碎片，具有独特的属性使它们越来越受到关注[1]。石墨烯的共价带和导带稍微重叠，使得这种材料成为零带隙的半导体，具有无限的激子玻尔直径。因此，任何尺寸的石墨烯碎片都显示出了量子限域效应[2]。石墨烯量子点具有非零带隙并且在激发条件下发出荧光。其能隙能够通过改变石墨烯量子点的粒径以及表面状态来实现[3]。

碳量子点是构成引人注目的纳米颗粒中的一类，大多数是由粒径在 10 nm 以下的准球形纳米颗粒构成的。碳量子点作为新生碳材料，具有显著的尺寸特征，一些碳量子点还具有依赖激发的光学性质。鉴于半导体量子点对环境和人体具有一定的危害性，而碳量子点由于低毒性和环境友好性越来越受到广泛的关注，并且越来越多的研究将其应用于痕量检测环境中的污染物质、细胞成像、催化以及运载药物等。基于此领域的探究具有一定的复杂性和挑战性。目前为止对于碳量子点光致发光的机理以及相关光学性质的调控还有待于进一步深入探究，以便更好地设计出基于碳量子点的新型荧光探针，及将其应用于生物活性分子检测、肿瘤细胞成像、活体成像、药物代谢示踪、痕量环境污染物检测。

4.2　碳量子点的合成方法

合成碳量子点的方法一般分为自上而下和自下而上的方法。自上而下的方法包括电弧放电、激光烧蚀、电化学氧化，即将大分子的材料破碎成小分子材料[4]。而自下而上的方法包括燃烧法和热解法，碳量子点是由分子前驱体合成的。通常它们的表面通过硝酸氧化，然后通过离心、透析、电泳以及其他分离技术获得[4]。

通常来说碳量子点是通过氧化切割碳源，例如石墨粉以及碳棒、碳化纤维、碳纳米管、炭黑，甚至是蜡烛的煤烟[5-11]。这些碳材料具有完美的 sp^2 结构，但是缺乏一个有效的带隙发光，为了使这些碳材料发光，它们的粒径以及表面的化学状态需要调整。最常用的切割方法是使用浓氧化性酸[12]。在此过程中，将大块碳材料切割成小块，然后在表面用氧基团修饰，这种获得小的碳材料被称为碳量子点或聚合物点。石墨烯量子点通常有两步合成步骤。第一步是将石墨材料转化为氧化石墨烯薄片。第二步是将氧化石墨烯薄片采用不同的方法切割成石墨烯量子点[13-14]。其他的自上而下的方法包括电化学法、水热法、溶剂热及特殊氧化法、金属石墨嵌入法、强物理法(如电弧放电、激光销蚀)以及反应性离子的纳米石刻[15-20]。

4.2.1　电弧法

J. Zhou 等[21]最早提出采用电化学方法合成碳量子点。许多碳基材料包含碳量子点都是由石墨辅助电氧化的离子液体,采用水溶性的离子溶液 1-丁基-3-甲基咪唑四氟硼酸盐作为电解液。增加水和电解液的比例将提高碳量子点的生产率,而降低这一比例将会增大纳米带。将离子溶液的阴离子改为氯离子也能够提高碳量子点上面纳米带的含量。整个过程都是在干净的离子溶液中进行的,溶液逐渐从浅黄色到深棕色,到形成含有“巴基凝胶”的高黏性溶液。碳量子点可以从凝胶和上清溶液中分离出来。

4.2.2　激光剥蚀法

Y. P. Sun 等[19,22-28]通过激光剥蚀法生产了碳量子点,通过热压石墨粉和水泥,紧接着是在氩气流下面烘烤、固化和退火。然后在硝酸溶液中回流加热 12 h 产生粒径为 3～10 nm 的碳量子点。此时,碳量子点是表面通过聚合物试剂钝化,例如以聚乙二醇或聚丙酰乙烯亚胺-共-乙烯亚胺为材料,通过透析对水进行纯化,然后进行离心,得到纯化的碳量子点上清液。将实验过程进行稍微修改,用碳粉末和更严格的控制手段,其量子产率在 440 nm 的激发下高达 20%。胡胜亮等报道了一种综合合成和钝化的单步法:通过将样品分散于水合肼以及二乙醇胺或 PEG 中持续超声 2 h,以助离子扩散。在激光辐射之后,采用离心的方法将碳粉末碎片沉淀,而碳量子点仍在上清液中。这些碳量子点粒径平均为 3 nm,晶格间距为 0.2～0.23 nm,与金刚石类似。这些晶格也反映了石墨的面。

4.2.3　用水溶液和微波法制备碳量子点

通常将 PEG200 和糖(果糖、葡萄糖)溶解于水中形成透明的溶液,然后在 500 W 的微波炉中加热 2～10 min[29]。溶液在反应过程中从无色变成棕褐色。合成的碳量子点显示出了与微波加热时间相关的特性。加热的时间越长碳量子点就会变得越大,波长就会变长。当不加入 PEG 时,颜色变化也是类似的,但是没有经过钝化过程的碳量子点显示出弱的和不规则的光致发光。

4.3　分析体系的构建

4.3.1　检测 H_2S

4.3.1.1　基于 NBD 基衍生物比率荧光探针的合成

(1) 荧光碳量子点的合成

首先,准确称取 1 g 柠檬酸(CA),将其溶解于装有 15 mL 超纯水的 50 mL 烧杯中。待柠檬酸充分溶解后,再向其中加入 1 mL 乙二胺(EDA)和 1.5 mL 浓盐酸(HCl)。可将烧杯放置于磁力搅拌器上，室温搅拌 10 min。等到溶液完全混合均匀后，将混合物转移至容量为 50 mL 的聚四氟乙烯衬套不锈钢高压反应釜中。将反应釜放置于 160 ℃的鼓风干燥箱内高温加热 6 h。当反应结束，反应釜完全冷却后，将反应釜中溶液转移至 50 mL 烧杯中，并用 0.45 μm 水相微孔滤膜过滤，除去溶液中剩余粒径较大的物质以获得小颗粒荧光碳量子点溶液。

将碳量子点溶液转移至事先充分洗涤并干燥的分液漏斗中，向其中缓慢加入适量丙酮并混合均匀，静置 15 min，可以看到溶液分为两层，下层为下沉的量子点溶液。相关研究表明：向量子点溶液中加入适量的不良溶剂，能够将溶液中不同粒径的量子点分离。将分液漏斗下层溶液分离，能够得到粒径较为均一的量子点溶液。将分离得到的溶液(CDs)转移至 50 mL 离心管存储于 4 ℃冰箱中以备使用。

(2) P-NBD 的合成

在室温下，将 1-Boc-哌嗪(186.3 mg，1.0×10^{-3} mol)添加到 15 mL 无水乙醇中，待 1-Boc-哌嗪完全溶解后，向溶液中滴加 N，N-二异丙基乙胺(DIPEA，100 μL)，将混合溶液放在室温磁力搅拌器上搅拌 0.5 h，作为溶液 1。然后将 4-氯-7-硝基苯并恶二唑(199.6 mg，1.0×10^{-3} mol)溶解于装有 10 mL 无水乙醇的烧杯中，并将其置于超声清洗器中，超声 10 min，使 NBD-Cl 充分溶解，作为溶液 2。待 NBD-Cl 完全溶解后将溶液 1 与溶液 2 转移至 50 mL 单口烧瓶中，将混合液室温反应搅拌过夜。待反应完成后，能够看到溶液中出现红色固体沉淀。将反应后的溶液转移至溶剂过滤器，用 0.45 μm 滤膜减压过滤。减压过滤除去多余溶液后，以正己烷为洗涤剂，反复洗涤滤膜上留存的红色固体产品，以除去未反应的试剂。反复冲洗后，将所得红色固体产品(B-PNBD，277.8 mg)置于 50 ℃真空干燥箱内干燥完成后收集备用。

取干燥后的红色固体(B-PNBD，175.6 mg)溶于装有 30 mL 乙酸乙酯(EAC)的 100 mL 单口烧瓶中，待混合液混合均匀后向其中滴加 150 μL 的浓盐酸。在磁力搅拌器上室温下搅拌 24 h，溶液中析出红色固体。将反应后的溶液转移至溶剂过滤器，以 0.45 μm 滤膜减压过滤。减压过滤除去多余溶液后以正己烷为洗涤剂，反复洗涤滤膜上留存的红色固体产品，以除去未反应的试剂。反复冲洗后将所得红色固体产品 P-NBD 置于 50 ℃真空干燥箱中干燥，完成后收集备用。

(3) CDs-PNBD 的合成

用天平称取适量的 P-NBD(49.8 mg，0.2×10^{-3} mol)，并将其溶解在盛有 15 mL 无水乙醇的 50 mL 烧瓶中，搅拌至固体完全溶解，可以将溶液置于超声清洗器中超声 10 min。取预先制备的荧光碳量子点 650 μL，将其滴入 P-NBD 溶液中。将单口烧瓶置于油浴锅中，在 85 ℃下搅拌并冷凝回流 4 h。反应完成后将混合物冷却至室温，烧杯中出现红色固体。将反应后溶液转移至溶剂过滤器，以 0.45 μm 滤膜减压过滤。减压过滤除去多余溶液后，以正己烷为洗涤剂，反复洗涤滤膜上留存的红色固体产品，以除去未反应的试剂。反复冲洗后，将所得红色固体产品 CDs-PNBD 置于真空干燥箱内，在 50 ℃下干燥 24 h，完成后收集备用。将探针干燥产物分散在二甲基亚砜(DMSO)中，探针最终浓度为 7.23 mg/mL，将溶液保存于 4 ℃冰箱中以备使用。

(4) 比率荧光探针对硫化氢的响应实验

为了测试比率荧光探针对硫化氢的实际检测效果，称取适量硫化钠(1×10^{-3} mol，

0.240 2 g)，并将其溶解于10 mL超纯水中，待完全溶解后得到浓度为0.1 mol/L的硫化氢储备液。取10.0 μL CDs-PNBD探针溶液(7.23 mg/mL)并滴入3.0 mL磷酸盐缓冲溶液(pH值为6.64)中。将不断增加的H_2S储备液(5 mM)添加到上述探针溶液中，并使用移液枪充分混合。硫化氢的最终浓度经计算为1 μM至40 mM。使用日立F-7100荧光分光光度计分别记录在添加硫化氢前探针溶液的荧光光谱数据以及加入不同量的硫化氢溶液后探针溶液荧光光谱的变化。在测试过程中，所有的测试设3个平行试样并取平均值进行数据分析。

(5) 荧光探针对硫化氢的选择性研究

称取适量的试剂样品，在超纯水中分别制备浓度为10 mM的GSH，MPA，$NaHSO_4$，Na_2SO_3，Na_2SO_4，Na_2SO_3，$NaNO_2$，L-Cys，$NaNO_3$，TBHP，KO_2，NaCl，NaClO，Na_2S储备溶液。取10.0 μL CDs-PNBD探针溶液(7.23 mg/mL)，将其滴入3.0 mL磷酸盐缓冲溶液(pH值为6.64)中。除硫化氢外，取适量的不同类型储备溶液30 μL添加到探针溶液中，使得其最终浓度为100 μM。取硫化氢储备液(5 mM，30 μL)添加到探针溶液中使得H_2S最终浓度为50 μM。将混合液充分混合，并在恒温振荡器上25 ℃下孵化2 h。在10 nm的狭缝宽度下，以340 nm激发波长的激发光进行扫描，发射光谱扫描范围为400～650 nm。在后面的测试过程中，除非另外说明，否则测试条件均与此保持一致。

(6) 真实水样中硫化氢浓度的检测

通过真实水样中硫化氢的检测来评价所制备的比率荧光探针CDs-PNBD是否具有实际微量硫化氢的检测效果。通过测试样品的加标回收率来实现对检测效果的评估。加标回收率是指通过测量被测样品在加入已知量的标准物质后，通过样品预处理以及实际测试后测量得到的样品中含有的待测物实际结果与理论值的比值。

在实验过程中通过采集真实天然湖水和自来水两种样品进行硫化氢的加标回收率测试。样品预处理主要包括两个步骤：首先将收集的水样通过水箱微孔滤膜($D=0.45$ μm)过滤，然后将水样放置在加热磁力搅拌器上将其加热至100 ℃，煮沸5 min以除去其他杂质。

分别以天然湖水和自来水两种水样进行标准曲线的绘制。分别向3 mL水样中加入10 μL比率荧光探针，混合均匀后分别向其加入不同量的硫化氢，硫化氢最终浓度分别为0 μM，1 μM，3 μM，5 μM，10 μM，15 μM，20 μM。通过测量加入不同量的硫化氢后探针溶液荧光度，绘制标准曲线。分别取两种水样的3个不同样品，向其中加入不同量的硫化氢，其最终浓度为4 μM、10 μM、14 μM。通过测量其实际浓度和理论浓度来计算加标回收率，对荧光探针的实际检测效果进行评估。

4.3.1.2　结果与讨论

(1) 探针CDs-PNBD的设计与合成

在检测过程中，合成步骤简单且使用的原材料易得，是制备新型硫化氢检测荧光探针的不可或缺的部分。在比率荧光探针CDs-PNBD的合成过程中，首先选用哌嗪的一取代物1-(叔丁氧羰基)哌嗪(1-Boc-piperazine，$C_9H_{18}N_2O_2$)与NBD-Cl反应，这是因为在哌嗪直接与NBD-Cl进行反应的过程中，由于哌嗪存在两个取代位点，发生取代后反应产物不确定，可能存在一取代或者二取代两种不同的反应产物，在实验过程中对后面的分离纯化有巨大影响。因此，以哌嗪的一取代物为反应物，进行探针的合成，能够提高反应产物纯度，简化分离操作。在酸性条件下，B-PNBD 发生酸解作用，BOC 基团脱落，反应后生成一取代的 P-NBD。P-NBD 的 ESI-MS 质谱图证明了反应产物的生成。由于哌嗪环的存在，荧光探针对于硫化氢的反应具有专一性。其他含硫物质包括 SO_3^{2-}、SO_4^{2-}、$S_2O_3^{2-}$、HSO_4^{2-} 等，对探针均没有特殊响应。最后，将 P-NBD 与掺杂的荧光碳量子点混合形成针对硫化氢的双发射型比率荧光探针。

比率荧光探针中主要包括两个部分：一部分是特殊掺杂的荧光碳量子点，另一部分是作为识别基团的 NBD 基衍生物。碳量子点(CDs)使用水热法进行合成，并使用高分辨率的电子透射电镜表征。从 HRTEM 图中可以看出使用反应釜合成的碳量子点形状接近球形，在溶液中分散均匀，平均粒径为 4 nm。

比率荧光探针 CDs-PNBD 中主要包括两个荧光团，其中发黄色荧光的基于 NBD 基衍生物的识别基团，对硫化氢存在特异性响应，当硫化氢存在时能够与 P-NBD 特异性结合，引起荧光强度的改变。在一般的荧光探针中，大部分探针都仅将具有单一波长发射光谱的增强或者淬灭作为待检测物的响应信号。但是同时难以解决的问题是单一荧光发射荧光强度的改变容易受检测样品底物的影响，以及在紫外灯长时间照射下出现的光漂白现象，还受检测过程中荧光探针的浓度、检测时环境的温度、溶液极性、探针稳定性和检测时溶液 pH 值等难以精准控制的外在影响的干扰。因此，为了减小各种因素对检测效果的影响，通过合成比率荧光探针 CDs-PNBD 来实现对 H_2S 的微量检测。在使用这种类型的荧光探针进行检测时，探针的两个荧光团发射光谱强度的比值与待测物浓度息息相关。通过两个荧光团荧光强度的比值来计算实际样品中待测物的浓度。这种方式能够极大地削弱其他不良因素对检测效果的干扰，从而对目标物实现精准检测。

为了获得比率荧光探针 CDs-PNBD 的最佳激发以及发射波长，进行了探针的荧光光谱测试。首先将探针溶解到 PBS 缓冲溶液中(pH 值为 6.64)，先后分别测试其发射光谱和激发光谱。探针的两个发射波长分别为 440 nm 和 543 nm，综合各发射波长荧光强度来看，选择 340 nm 为其最佳激发波长。

为了探究比率荧光探针 CDs-PNBD 的稳定性，进行了探针的荧光稳定性测试。将 10 μL CDs-PNBD 溶于 3 mL PBS 缓冲溶液(pH 值为 6.64)中，将其置于荧光分光光度计中每 10 min 测量一次荧光光谱，测试时间为 1 h。经过 1 h 的测试，比率荧光探针两个荧光团荧光强度的比值并没有明显波动，始终保持在 0.55 左右，这个现象说明了 CDs-PNBD 具有优异的光稳定性，且在溶液中能够保持良好的溶解性。

(2) 不同 pH 值时荧光探针 CDs-PNBD 对 H_2S 的检测效果

为了探究溶液 pH 值对探针 CDs-PNBD 荧光强度的影响以及不同 pH 值条件下比率荧光探针对硫化氢(H_2S)的检测效果，分别在不同 pH 值条件下对荧光探针进行了光谱测试。首先，分别配置不同 pH 值梯度的 PBS 缓冲溶液，并使用 pH 计进行标定，使得配置的缓冲溶液 pH 值分布在 2～8 范围内。取 10 μL 荧光探针 CDs-PNBD，分别加入 3 mL 不同的 pH 值梯度的缓冲溶液中。相同 pH 值的缓冲溶液取 3 个样品，并向其中分别添加不同浓度的 H_2S 使其最终浓度为 0、10 μM、20 μM。将各样品放入恒温振荡器 25 ℃孵化 2 h 后分别测试其荧光光谱。随着探针溶液 pH 值的增大，在 2～5 范围内当探针溶液呈酸性时探针的荧光强度基本保持不变，比率荧光探针对硫化氢基本无响应。随着探针溶液 pH 值的继续增大，探针荧光强度随着 pH 值的增大而减小，同时在 H_2S 的作用下荧光探针荧光被淬灭。

因此在中性或者碱性条件下荧光探针 CDs-PNBD 对 H_2S 的检测效果较好。

当溶液 pH＝6～8，偏中性或者碱性时，硫化氢对探针 CDs-PNBD 的识别基团 P-NBD 的荧光存在淬灭效果。同时以溶液 pH 值为横坐标，以加入 H_2S 前后探针溶液在发射波长为 543 nm 处的荧光强度的差值 $F-F_0$ 为纵坐标。可以看出：当纵坐标 $F-F_0$ 值越大，说明硫化氢对 P-NBD 的淬灭效果越好，即在此 pH 值条件下探针 CDs-PNBD 对硫化氢的检测效果越好。因此，为了保证荧光探针的荧光强度保持在一定值和探针对 H_2S 具有较好的检测效果，探针溶液 pH 值应合理。由试验可以清晰看出：探针溶液 pH 值保持在 6.64 时探针 CDs-PNBD 的检测效果最好。

图 4-1 为将 10 μL 荧光探针 CDs-PNBD 加入 PBS 6.64 的缓冲溶液中，并向其中加入一定量的 H_2S(300 μM)后一定时间的紫外可见吸收光谱。插图表示向含有 10 μL 荧光探针 CDs-PNBD 的 3 mL PBS 缓冲溶液中加入不同浓度的 H_2S(0 μM、10 μM、30 μM、60 μM、100 μM)时探针溶液颜色的变化。

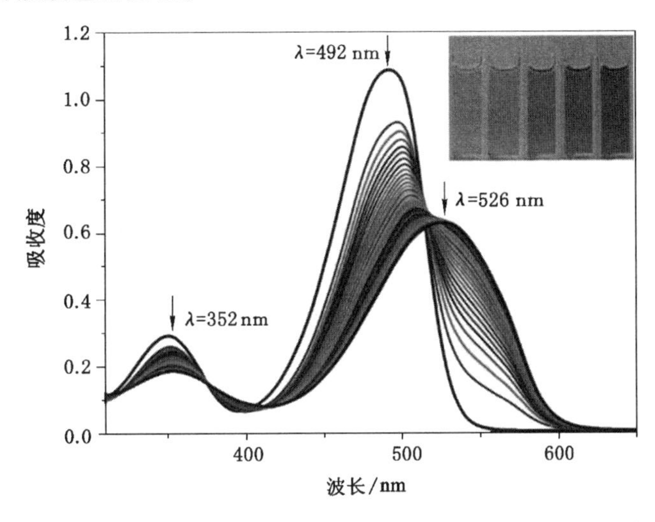

图 4-1　荧光探针 CDs-PNBD 加入不同浓度硫化氢的紫外可见吸收光谱变化示意图

(3) 采用荧光探针 CDs-PNBD 检测硫化氢的光谱特征

由图 4-1 可以看出：P-NBD 分别在 λ 为 352 nm 和 492 nm 处有两个最大的吸收带。向 PBS 缓冲溶液中加入 300 μM 的 H_2S 之后，探针在 352 nm 处的吸光度逐渐降低，同时由于硫化氢与探针 CDs-PNBD 的相互作用，使得在波长为 492 nm 处的吸收峰逐渐降低且最大吸收波长由 492 nm 处转移至 526 nm 处附近。最大吸收峰的位移能够说明探针与 H_2S 之间存在新的产物。由图 4-1 的插图可以看出：加入不同量的 H_2S 后，探针溶液颜色由最初的黄色逐渐变为红色，能够直观地看出 H_2S 对探针溶液的影响，也说明探针 CDs-PNBD 在采用比色法测定硫化氢中的潜力。

在实验过程中，将不同浓度的 H_2S(0～40 μM)倒入 PBS 6.64 缓冲溶液中，充分反应后在 340 nm 的激发光波长下记录其荧光光谱。由图 4-1 可以看出：在波长为 340 nm 的激发光激发下，荧光探针 CDs-PNBD 有 2 个发射位点。在发射波长为 440 nm 处的荧光团为特殊掺杂的荧光碳量子点荧光，在 543 nm 处为荧光探针的识别基团 NBD 基衍生物(P-NBD)的荧光，在激发光 340 nm 激发下，荧光探针呈现明显的比率荧光信号。随着向探针溶液中

加入的 H_2S 的浓度的增大，硫化氢对荧光探针 CDs-PNBD 的 P-NBD 部分的荧光具有明显的淬灭效果。随着 H_2S 浓度的增大，探针在 543 nm 处的荧光强度逐渐减小。同时能够看到在 440 nm 处碳量子点荧光的强度随着硫化氢浓度的增大而增大。这是由于当不存在 H_2S 时，荧光探针 CDs-PNBD 内部碳量子点的发射光谱与识别基团 P-NBD 的吸收光谱有所重叠，导致荧光共振能量转移效应(FRET)的发生，使得荧光碳量子点被激发的蓝色荧光被 P-NBD 部分所吸收。而随着硫化氢浓度的增大，NBD 基衍生物(P-NBD)在 PBS 6.64 缓冲溶液中与硫化氢发生反应，使哌嗪与 NBD 之间连接的 C-N 单键断裂，引起 P-NBD 中哌嗪部分去除。这直接导致荧光探针 CDs-PNBD 内部荧光共振能量转移(FRET)效应的减弱，碳量子点蓝色荧光增强。

将 10 μL 荧光探针添加到 3 mL PBS 6.64 的磷酸盐缓冲溶液中，并向其中加入不同量的硫化氢，使其在溶液中的最终浓度分别为 0 μM、10 μM、30 μM、60 μM、100 μM。在紫外灯 365 nm 紫外光照射下探针 CDs-PNBD 溶液荧光颜色从黄色转变为蓝色。向探针溶液中加入硫化氢后，在硫化氢的作用下探针 P-NBD 部分发生硫解反应，黄色荧光被硫化氢淬灭。此时探针两部分荧光团之间荧光共振能量转移效应消失，使得碳量子点蓝色荧光得到增强。因此，在紫外灯照射下，探针溶液由黄色逐渐变为蓝色，因此能够达到可视化检测 H_2S 的目的。向探针溶液中加入未知量的硫化氢，通过探针溶液在紫外灯照射下荧光颜色的改变能够很直观地估算出硫化氢的浓度。

(4) 探针浓度对检测效果的影响

影响荧光探针光谱性质的因素有很多，主要包括两个方面：一个是荧光探针的内部因素：荧光探针具有较大的共轭 π 键结构、荧光探针分子是否具有刚性的平面结构、在探针分子中能够给出电子的给电子基团(如—NH_2、—OH、—CN)等。另外一个是荧光探针所处的环境因素：在采用荧光分析法进行分析时，探针溶液的 pH 值和温度会对其荧光光谱产生极大的影响。荧光检测的激发光源和激发光波长对探针极为重要，不同波长激发光下探针的荧光光谱具有很大的差异。在选择溶剂时要充分考虑溶剂的极性、对探针的溶解度以及其介电常数。测试时探针的浓度也会对探针的荧光光谱和检测效果产生较大的影响。

为了对实验条件进行优化，我们探究了荧光探针浓度对灵敏度的影响。向 PBS 6.64 的缓冲溶液中分别加入 10 μL、15 μL、20 μL 的荧光探针 CDs-PNBD，并向其中加入适量的硫化氢储备液，使其最终浓度为 0 μM、5 μM、10 μM、15 μM，测试其荧光光谱。以发射波长为 440 nm 和 543 nm 处荧光强度比值为纵坐标，硫化氢浓度为横坐标。在测试过程中能够得到 3 条拟合曲线：① 10 μL：$y=0.787\,2x+0.081\,1$，相关系数 $R^2=0.995\,5$；② 15 μL：$y=0.705\,4x+0.082\,2$，相关系数 $R^2=0.979\,6$；③ 20 μL：$y=0.657\,3x+0.064\,8$，相关系数 $R^2=0.953\,0$。

由实验线性拟合方程可以看出：随着 PBS 缓冲溶液中荧光探针浓度的增大，探针荧光光谱与硫化氢浓度拟合曲线的相关系数，即拟合度与探针浓度呈负相关。当加入探针量为 10 μL 时，拟合度最高(0.995 5)。当加入探针量增加至 20 μL 时，拟合曲线的拟合度降至 0.953 0，拟合曲线的斜率由最初的 0.79 降至 0.66。拟合曲线斜率的降低表明随着荧光探针浓度的增大，探针 CDs-PNBD 对硫化氢的灵敏度下降，这是由于高浓度的探针分子在有限的空间内荧光分子间距减小，此时如果探针分子间作用力较强，则可能会发生聚合。在这样的条件下，当荧光探针在激发光的作用下跃迁至激发态，处于激发态的荧光分子在从激发态回到基态时很容易能够将它的能量传递给距离较近的分子，使得能量耗散转变为分子的动能，即热能。荧光探针灵敏度的降低正是探针浓度过高的结果，因此在实验过程中当荧光探针浓度为 10 μL 时，拟合曲线具有最佳的拟合度和较高的灵敏度，可作为进一步检测的最佳浓度。

(5) 探针对 H_2S 的灵敏度响应

为了测试荧光探针对硫化氢的灵敏度响应，首先进行了探针与 H_2S 反应过程的动力学扫描。简单来说，就是向含有 5 μL 荧光探针 CDs-PNBD 的 PBS 6.64 缓冲溶液中分别加入最终浓度为 50 μM，100 μM，150 μM 的 H_2S 标准溶液。然后将其在荧光分光光度计上扫描其荧光光谱 2 h。随着加入 H_2S 量的增加，硫化氢浓度越高则在反应过程中反应速度越快，当反应时间达到 100 min 时，H_2S 与荧光探针 P-NBD 部分发生的化学反应达到了平衡状态，溶液中探针 CDs-PNBD 的荧光强度基本保持不变。因此，在实际检测过程中加入硫化氢后设置孵化时间为 2 h。

为了探究评价荧光探针 CDs-PNBD 的实际检测效果，研究了探针对 H_2S 的检测效果。向含有 10 μL 荧光探针中 PBS 6.64 缓冲溶液中加入不同量的 H_2S 使其最终浓度为 0～35 μM。通过测量其荧光光谱，以探针溶液中 H_2S 的浓度为横坐标，探针在 440 nm 和 543 nm 处的荧光强度比值(F_{440}/F_{543})为纵坐标作拟合曲线，每个样品重复 3 次，以获得误差棒。随着硫化氢含量的增加，探针 CDs-PNBD 的黄色荧光被淬灭，蓝色荧光得到增强，因此引起 F_{440}/F_{543} 随之增大。这与在紫外灯下观察到的向荧光探针中加入不同量的硫化氢，其荧光颜色由黄色变为蓝色相吻合。结果表明：其拟合方程为 $y=0.0947x+0.5395$，拟合度 $R^2=0.9953$。荧光探针的两个发射位点荧光强度的比值与硫化氢浓度具有良好的线性关系，相关系数达到了 0.995 3，说明荧光探针在 35 μM 范围内具有良好的线性关系，能够用于硫化氢的定量检测。根据检测限的计算公式，3 倍标准偏差除以斜率($3\sigma/k$)，荧光探针 CDs-PNBD 对 H_2S 的检测限为 57 nm。这与文献中报道的其他检测方法的检测限(如电化学法为 7.5 μM、分光光度法为 2.81 μM 和比色法为 3 μM)相比，荧光检测分析法不仅能够减少样品的预处理过程，使操作步骤大大减少，还使用荧光探针 CDs-PNBD 对 H_2S 进行检测拥有更高的灵敏度，适用于对微量硫化氢的检测。

(6) 探针 CDs-PNBD 对 H_2S 的选择性

活性硫物种(RSS)是在生物体系统中起到重要调节作用的一类含硫分子，其包含的物质种类很多，主要包括 GSH、Cys、Hcy 等生物硫醇和过硫化物、多硫化物以及硫化氢(H_2S)等。活性硫物种在生物体内许多生化过程中都发挥着重要的功能性作用。因此在 H_2S 检测过程中的主要挑战是开发一种对 H_2S 具有特异性反应且对其他活性硫物种无响应的荧光探针。为了深入研究荧光探针 CDs-PNBD 对 H_2S 的选择性以及自身的抗干扰能力，研究了 Na_2S、O_2^-、NO_2^-、Cl^-、ClO^-、NO_3^{2-}、TBHP、L-Cys、SO_3^{2-}、SO_4^{2-}、$S_2O_3^{2-}$、HSO_4^{2-}、MPA、GSH 等对荧光探针的响应。在 3 mL PBS 6.64 缓冲溶液中加入 10 μL 荧光探针，并分别将上述相关化合物添加到探针溶液中(除 H_2S 和 SO_3^{2-} 的浓度为 50 μM 外，其余化合物浓度均为 100 μM)。将探针溶液置于恒温振荡器中 25 ℃孵化 2 h，并测量其加入 H_2S 前后在 543 nm 处的荧光强度。加入 50 μM H_2S 后，荧光探针 CDs-PNBD 在 543 nm 处的荧光被极大程度淬灭，而其他化合物在加入前后并不会引起较大的荧光强度的变化，在 543 nm 处的荧光强度基本保持不变。同时在测试过程中能够发现：加入 H_2S 后探针溶液颜色由黄色变为红色，而在加入其他物种时并不会发生探针溶液颜色的变化。这一现象能够直观地观察到探针溶液中是否存在硫化氢。荧光探针 CDs-PNBD 同样具有优异的抗干扰能力。在探针溶液中同时加入 H_2S 和其他化合物对于探针荧光强度的淬灭作用与仅添加 H_2S 的探针溶液荧光强度变化基本保持一致，即使其他竞争型化合物最终浓度高达 100 μM，也不会对探针荧光强度有较大的影响。能够看出 SO_3^{2-} 在一定程度上同样对探针溶液产生一定程度的影响，但是其对探针荧光强度的影响相较于 H_2S 来说是微不足道的，同时通过自然光状态下探针溶液颜色的改变同样能判断是否存在 H_2S。这个结果说明所制备的探针 CDs-PNBD 具有良好的选择性和抗干扰性，能够在复杂的环境中用于对 H_2S 的检测。

（7）荧光探针与 H_2S 的作用机理

探针 CDs-PNBD 主要包括两个部分，在合成探针之前首先合成了具有黄色荧光的 NBD 基衍生物 P-NBD。在 P-NBD 上的哌嗪环结构对于探针的选择性具有重要影响，使探针对 H_2S 的选择具有专一性。探针 CDs-PNBD 的另外一部分就是掺杂的蓝色荧光碳量子点。当向荧光探针溶液中加入 H_2S 之后，由于 P-NBD 部分与其发生反应使得探针分子 C—N 键断裂生成了自然光状态下颜色呈红色的非荧光物质 NBD-SH，探针黄色荧光在 H_2S 的作用下被淬灭。对 CDs-PNBD 与 H_2S 反应前后紫外-可见吸收光谱进行分析，能够更加深入地了解其反应机理。向探针溶液中加入 H_2S 后，探针在 492 nm 处的吸收峰随着反应时间的延长逐渐产生位移，从 492 nm 处位移至 526 nm。相关文献指出 526 nm 处的吸收带正是 NBD-SH 的吸收峰位置，吸收峰的位移证明了 NBD-SH 的生成。

同时 P-NBD 与 H_2S 的反应产物 LC-MS 质谱图也能证明 NBD-SH 的产生。由于 P-NBD 部分发生硫解作用，使得荧光碳量子点与 P-NBD 部分荧光共振能量转移效应(FRET)减弱，因此在荧光光谱上碳量子点荧光显示出明显的荧光增强，随着探针溶液中 H_2S 浓度的增大，探针黄色荧光被淬灭，蓝色荧光得到增强，使得在紫外光照射下探针溶液荧光由黄色转变为蓝色。通过这种比率荧光探针我们能够直观地看出当其与未知浓度的 H_2S 反应时，通过探针荧光颜色由黄变蓝的过程能够迅速判断硫化氢的大致浓度达到可视化检测的目的。

（8）基于真实水样的加标回收实验

H_2S 在人体的生理功能信号传递过程中发挥着重要的作用，同样在环境中，如果硫化氢含量过高也会造成严重后果。因此，为了探究荧光探针能够用于实际检测过程，采集了真实的环境样品用于 H_2S 检测实验。采集的样品主要包括两种——生活用自来水和真实湖水。在这两种样品中含有大量的阴阳离子，尤其是真实湖水，可能含有许多有机物等，样品成分复杂。首先将收集的水样通过水相滤纸（D＝0.45 μm）过滤，除去水样中大颗粒的物质，防止其对实验产生较大的影响，然后煮沸 5 min 除去其他一些可能存在的杂质。分别取两种水样各 3 个样品向其中加入不同量的 H_2S 使其最终浓度为 4 μM、10 μM、14 μM，向每个样品中加入 10 μL 荧光探针 CDs-PNBD 并按照文中提出的测试方法进行光谱测试。将通过光谱测试得到的荧光强度计算样品中硫化氢的真实浓度汇总于表 4-1。如表 4-1 所示，通过荧光探针 CDs-PNBD 对真实水样中 H_2S 进行加标回收实验，其结果显示出良好的回收率，达到了 94.22％～102.47％，这个值与添加进水样中的标准浓度高度吻合，表明在真实水样检测过程中，荧光探针 CDs-PNBD 表现出良好的准确性和灵敏度。本书所合成的探针能够用于对真实样品中 H_2S 的检测，并具有高度的可靠性。

表 4-1 荧光强度计算样品中硫化氢的真实浓度

加标浓度/μM	自来水		湖水	
	回收浓度/μM	回收率/%	回收浓度/μM	回收率/%
4	3.77	94.22 ± 3.06	4.08	101.88 ± 2.04
10	9.88	98.80 ± 2.00	10.20	101.96 ± 1.07
14	14.01	100.10 ± 0.95	14.35	102.47 ± 0.51

表 4-1 为自来水和湖水中荧光探针对 H_2S 的加标回收测试。将不同浓度的 H_2S（4 μM、10 μM、14 μM）添加到 3 mL 自来水和湖水中（包括 10 μL 探针 CDs-PNBD），并在恒温振荡器中 25 ℃孵化 2 h 后检测到荧光强度的变化，并计算其真实浓度。

（9）小结

本章通过合成掺杂荧光碳量子点以及 NBD 基荧光衍生物 P-NBD 两种荧光基团，合成了一种对 H_2S 敏感的比率荧光探针。通过两种不同波长荧光强度的变化实现对硫化氢的选择性检测，提高了检测方法的准确性。并通过 HRTEM、HRMS、LC-MS、紫外可见吸收分光光度计等对荧光探针进行表征检测。实验结果表明：荧光探针 CDs PNBD 对 H_2S 具有良好的检测性能，其检测限达到了 57 nM。而且在其他阴阳离子、活性硫物种或者氧化基团存在的情况下，荧光探针对 H_2S 具有良好的选择性和抗干扰能力，且能够成功运用于真实水样中 H_2S 的微量检测。

4.3.2 检测 HClO 和生物活性物质

4.3.2.1 检测 HClO

（1）绿色荧光碳量子点（G-CDs）的合成

本书设计了一种基于绿色排放碳量子点（G-CDs）的双模式荧光和比色传感器，并研究了其选择性检测和定量检测 ClO^- 的应用潜力。以柠檬酸铵和尿素为原料，采用无溶剂反应法制备 G-CDs。所制备的 G-CDs 首先被纯化，并进一步用荧光法和比色法检测 ClO^-。基于 G-CDs 的新型纳米传感器有三个主要优点：① 起始原料无毒且随处可得。② 该合成工艺在常温条件下进行，方法简便。③ G-CDs 探针在水溶液中表现出良好的荧光稳定性和高的量子产率研究。研究结果表明：在 0.2～100 μM（LOD＝0.078 1 μM）范围内，ClO^- 具有较好的选择性和灵敏度。ClO^- 的颜色由黄色变为无色，检测限为 1.82 μM。

① 绿色荧光碳量子点（G-CDs）的制备。采用无溶剂固相反应法制备了 G-CDs。通常柠檬酸铵（200 mg）和尿素（200 mg）在玛瑙砂浆中均匀研磨，放入坩埚，然后在烤箱中加热至 200 ℃并持续 1 h。将产物溶于超纯水中以 10 000 r/min 离心 10 min 后用 0.22 μm 膜注射器过滤，经透析管（MWCO≈500）透析 24 h，得到 G-CDs，并进一步表征。

② 碳纳米点（CND）的合成。无水柠檬酸（0.38 g，2 mmol）和尿素（0.36 g，6 mmol）溶解于甲酰胺（20 mL），然后超声混合 15 min。混合物被转移到聚四氟乙烯内衬的反应釜中密封并在 180 ℃温度下反应 10 h。反应溶液以 10 000 r 离心 10 min 除去固体。所得溶液通过 0.22 μm 膜过滤，然后用纤维素酯透析膜袋（分子量截止值 MWCO＝1 000）透析处理 24 h，去除小分子和未反应的试剂。制备的 CND 溶液储存在冰箱中（4 ℃）。

③ G-CDs检测次氯酸盐(ClO^-)。在最佳条件下(10 mM PBS缓冲液,pH=5.5),测定ClO^-和G-CDs之间的荧光响应。对于ClO^-的检测,先将30 μL G-CDs原液加入1.97 mL PBS缓冲液中,得到最终的探针溶液。然后在上述溶液中加入不同体积的ClO^-离子水溶液。探针和ClO^-的混合物在室温(25 ℃)下搅拌1 min。ClO^-的最终浓度分别为0 μM、0.2 μM、1 μM、3 μM、10 μM、20 μM、30 μM、40 μM、60 μM、80 μM和100 μM。在室温(25 ℃)下测量混合物的FL强度,并在450~700 nm范围内记录,激发波长为410 nm,扫描速率为500 nm/min,光电倍增管电压为400 V。

④ 通过测定G-CDs水溶液与不同浓度ClO^-作用时的紫外可见吸收光谱,研究了G-CDs对ClO^-的比色检测。一般用60 μL G-CDs原液与1.94 mL PBS缓冲液混合。然后,在上述溶液中加入不同体积的ClO^-溶液。ClO^-的最终浓度分别为0 μM、10 μM、20 μM、30 μM、40 μM、60 μM、80 μM、100 μM、120 μM、150 μM。振荡1 min,用紫外可见分光光度计在360~480 nm范围内记录紫外可见光谱。为了研究该传感器对ClO^-的选择性,在相同的条件下,考察了不同浓度的ROS、金属离子和阴离子(ClO^-,100 μM;HO,TBO,200 μM;H_2O_2,TBHP,NO,$ONOO^-$和$^1O_2$,1 000 μM;Ca^{2+},Na^+,K^+,Al^{3+},Mg^{2+},Zn^{2+},Pb^{2+},Cu^{2+},Co^{2+},Cr^{3+},Fe^{2+} 1 000 μM;SO_4^{2-},F^-,Cl^-,Br^-,I^-,IO_3^-,IO_4^-,CO_3^{2-},HCO_3^- 1 000 μM)。

⑤ 荧光检测次氯酸盐的纸基传感器。先将1 mL G-CDs原液加入3 mL PBS缓冲液中,得到探针溶液。然后将20 μL的G-CDs探针溶液滴到玻璃超纤维滤纸(直径0.6 mm),制成一个ClO^-传感器。然后将功能化滤纸在室温条件下干燥10 min,滤纸上形成一系列黄色斑点。得到的纸基荧光传感器在紫外灯照射下显示绿色荧光。为了可视化检测ClO^-浓度,将10 μL不同浓度的ClO^-水溶液小心滴在试纸上,在环境条件下干燥。在日光和紫外光(λ=365 nm)下观察到斑点中一系列不同强度的荧光。

⑥ 实际水样中次氯酸盐的荧光检测。为了评价该探针对ClO^-的实用性,分别对自来水和游泳池水两种不同的水样进行了测试。两份水样均取自广东石油化工大学实验室和体育馆。这些水样是直接使用的,没有经过任何处理。在水样中加入已知量的ClO^-,研究加标回收率。为了获得更好的准确性,样品制备后立即进行分析。

(2) 结果与讨论

① G-CD的表征。

通过一系列的表征分析实验研究了G-CDs的性质。首次对粒径分布进行了研究。

G-CDs是准球形的,分散得较少。制备的G-CDs的粒径为1.2~2.8 nm(平均值为1.9 nm)。

G-CDs的HRTEM图像显示了分辨率良好的晶格条纹(间隔为0.21 nm),与石墨的(100)晶格条纹一致[30-31]。用XRD测定了G-CDs的结晶度。观察到与石墨结构相关的一个中心为26°的尖峰,说明G-CDs具有与石墨烯相似的结构,层间距为0.21 nm,这与之前报道的CDs的结构一致[32-33]。此外,利用红外光谱对表面基团进行了研究。FT-IR光谱所示G-CDs在3 572~3 125 cm^{-1}有明显的吸收峰,可以归因于N—H和O—H键的弯曲振动。这些官能团决定了G-CDs在水溶液中的稳定性和亲水性。在2 753 cm^{-1}处的弱吸收带对应C—H键的伸缩振动。此外,峰值在1 714 cm^{-1}、1 619 cm^{-1}和1 398 cm^{-1}分别归属于O—C=C,C=C和C=N键。峰值1 192 cm^{-1}、1 063 cm^{-1}、762 cm^{-1}和591 cm^{-1}

分别对应 C—NH—C、C—O—C 和 C—N 基团[34]。

用 XPS 研究了表面状态和成分分布，为 FT-IR 分析提供了依据。如 XPS 全谱图进一步表明 G-CDs 主要由碳(51.44%)、氮(25.67%)和氧(17.80%)三种元素组成。高分辨率的 C 1s 光谱在 288.76 eV、287.36 eV、285.01 eV 和 284.33 eV 处有 4 个主要的反卷积峰，分别对应于—COOH、C ═ O、C—N/C—O、C ═ C/C—C 基团的存在。类似的，H—N 和 C_3—N 通过在 N 1s 光谱中 401.19 eV 和 400.40 eV 处的结合峰验证了 N 的结合。在 O 1s 谱图中，观察到结合能分别为 531.33 eV 和 530.73 eV 处的两个主峰，分别属于 C—OH/C—O—C 和 C ═ O[35]。由于表面的氨基基团，G-CDs 的 Zeta 电位测得值为 12.6 mV。

② G-CDs 的光谱特性。

所得 G-CDs 在水溶液中的溶解度大，室温下无明显沉淀。在日光下，探针溶液为浅黄色，在紫外光(365 nm)照射下可见较强的绿色荧光。通过研究该探针的紫外可见光光谱和荧光光谱，以评价其光学性能。G-CDs 在 250 nm 和 270 nm 处有明显的吸收峰，这归因于 sp2 的 π-π^* 跃迁 C ═ C 和 C ═ N 键[36]。此外，周围的宽吸收带 330 nm 和 406 nm 分别对应 C ═ O 和 N ═ C 键的 n-π * 跃迁[37]。在 G-CDs 的荧光光谱中，其最佳激发波长为 410 nm，发射波长为 540 nm，这是由 406 nm 处的吸收带产生的。G-CDs 具有典型的激发波长依赖性特征，随着激发波长的增大，发射峰会出现“红移”。光致发光特性被认为与 G-CDs 的非均匀尺寸和不同的表面缺陷有关。G-CDs 的量子产率在以罗丹明 6G 为参考的水溶液中，G-CDs 的含量为 23.95%。

在实际应用中，在使用检测探头之前，对相关变量进行了研究。当 NaCl 的浓度为 0～0.1 mol/L 时，G-CDs 的荧光强度几乎没有变化，说明 G-CDs 在 NaCl 溶液中具有很高的稳定性。为了评价 G-CDs 的光稳定性，在 540 nm 下连续光照 1 h，记录其荧光强度。研究结果表明：G-CDs 在 365 nm 的紫外光照射下激发 1 h 后，其荧光强度保持不变，说明其具有较强的光稳定性。NaCl 浓度和紫外光照射时间对 G-CD 探针与 ClO^- 混合物的影响不显著。研究了 G-CDs 的荧光随 pH 值从 5 到 9 的增大而变化。G-CDs 的荧光强度随 pH 值的变化并不明显，但是与 ClO^- 反应后，荧光强度发生了相对变化。添加 ClO^- 后 G-CDs 的荧光信号相对稳定，在酸性条件下荧光信号明显下降，但是当由中性变为碱性时，荧光强度逐渐恢复。因此，在进一步的试验中 pH 值为 5.5。

③ 荧光法和比色法中次氯酸盐的检测

G-CDs 对 ClO^- 的选择性是在没有次氯酸盐的情况下，通过添加一些潜在的干扰物质，包括氧化剂(H_2O_2，TBO，TBPH，NO，$ONOO^-$，HO 和 $^1O_2$)，一些金属离子(Ca^{2+}，Na^+，K^+，Al^{3+}，Mg^{2+}，Zn^{2+}，Pb^{2+}，Cu^{2+}，Co^{2+}，Cr^{3+}，Fe^{2+})和一些阴离子($SO_4{}^{2-}$，F^-，Cl^-，Br^-，I^-，$IO_3{}^-$，$IO_4{}^-$，$CO_3{}^{2-}$)。研究结果表明：即使在高浓度下，这些离子对 G-CDs 的荧光响应几乎没有任何干扰。如表 4-2 所示，可以得出结论：与大多数其他报道的荧光传感器相比，目前的传感系统在检测 ClO^- 方面表现出出色的能力。

采用紫外可见吸收光谱法考察了不同分析物加入后的比色性能。记录探针加入 ClO^- 前后的吸收光谱。在 0～150 μM 范围内线性[$(A_0A)/A_0=0.004\ 56c_{ClO^-}+0.001\ 05, R^2=0.997$，LOD=1.82 μM]。加入 ClO^- 后，阳光下 G-CDs 溶液的颜色由黄色逐渐变为无色，肉眼可见。G-CDs 对 ClO^- 具有高选择性，表明比色传感器在 ClO^- 检测领域显示出潜在的应用前景。与其他报道的基于 CDs 的 ClO^- 检测方法相比(表 4-2),该比色传感系统可以灵敏地检测 ClO^-,具有低 LOD 和宽线性范围。

表 4-2　基于碳量子点的不同探针在 ClO^- 传感中的比较

前驱体	测定方法	线性范围/μM	LOD/μM	参考文献
乙二胺,柠檬酸	荧光法	10～140	4	[38]
柠檬酸,尿素	荧光法	2.5～50	0.5	[39]
乙醇	荧光法	0.1～10	0.08	[40]
柠檬酸,乙二胺	荧光法	0.1～27	0.0297	[41]
柠檬酸,L-半胱氨酸	荧光法	0.01～100	0.005	[42]
酒石酸,尿素	荧光法	0.5～30	0.013	[43]
柠檬酸	比色法	2.7～166	1.3	[44]
2,5-二氨基苯磺酸	荧法法/比色法	0.1～100/5～200	0.083/2.2	[45]
柠檬酸,谷胱甘肽	荧光法	0.1～0.8	0.016	[46]
2,3,4-三氟苯甲酸,甘氨酸	荧光法	0～20	0.012	[47]
柠檬酸铵,尿素	荧光法/比色法	0.2～100/10～150	0.078 1/1.82	本书

④ 可能机制

通过一系列相关的控制实验研究了荧光淬灭机理。加入 ClO^- 后,吸收峰在 250 nm、270 nm、330 nm 和 406 nm 处消失,表示氧化 G-CDs 表面官能团被 ClO^- 修饰可能导致的荧光淬灭[48]。FT-IR 光谱显示双峰(3 432 cm^{-1},3 199 cm^{-1})消失,以及在 1 700 cm^{-1} 和 1 300 cm^{-1} 之间的光谱出现了一些变化,进一步证明 G-CDs 上的氨基被氧化[49]。此外,G-CDs 溶液在加入 ClO^- 后的 Zeta 电位值从 12.6 mV 下降到 7.6 mV。此外,氨基可能被氧化为硝基[50]。此外,N 1s 和 Cl 2p 的高分辨率 XPS 显示了一个新的 N—O 键和 C—Cl 键,这支持了上述分析[51]。

⑤ 视觉检测次氯酸盐的纸基传感器

近年来,基于纸张的便携式检测设备因其便于现场检测而受到广泛关注。本书制备了一种负载 G-CDs 的纸基传感器,用于水溶液中 ClO^- 的视觉检测。显然,随着 ClO^- 浓度的增大,测试纸上的绿色荧光在紫外线下逐渐减弱,测试纸的颜色从黄色变到白色。因此,这是一种简单、便携、成本低廉的现场检测 ClO^- 的方法。此外,G-CDs 由于无毒且量子产率高,也可以作为荧光墨水应用。

⑥ 实际水样中的应用

为评价所构建方法的适用性,将该探针应用于实际水样的荧光法和比色法检测,分别见表 4-3 和表 4-4。为了验证现有方法的准确性,进行了恢复试验。如表 4-3 和表 4-4 所示,荧光法加标回收率为 93.4%～103.3%,RSD 小于 3.5%。比色法的加标回收率为 96.1%～106.1%,RSD<5.3%。良好的回收率和较低的 RSD 值有力地证明了该方法用于实际样品分析的准确性和可靠性。

表 4-3　荧光法测定环境水样中的 ClO^-

水样	添加浓度/μM	总方向浓度/μM	回收率/%	RSD(n=3)/%	采用 DPD 方法得到的浓度/μM
自来水	0	0.55	—	1.9	0.71
	10	9.93	94.1	1.7	10.21
	20	21.05	102.4	2.8	21.23
	40	39.87	98.3	2.6	39.14
游泳池水	0	7.68	—	2.5	8.25
	10	16.52	93.4	3.2	18.62
	20	27.13	98	3.5	29.13
	40	49.26	103.3	2.1	49.82

表 4-4　比色法测定环境水样中的 ClO^-

水样	添加浓度/μM	总方向浓度/μM	回收率/%	RSD(n=3)/%	采用 DPD 方法得到的浓度/μM
自来水	0	—	—	—	0.62
	20	19.21	96.1	4.4	20.51
	40	42.42	106.1	3.9	41.25
	80	82.11	102.6	4.2	81.68
游泳池水	0	8.23	—	3.8	7.84
	20	27.58	97.7	5.1	28.96
	40	49.16	101.9	3.6	49.33
	80	91.64	103.9	5.3	87.36

4.3.2.2　检测活性氧、超氧阴离子

(1) 荧光可调碳量子点的合成

① 红色碳量子点的合成。根据之前报道的溶剂热法，稍做修改后合成了红色碳量子点[52]。将 1 g 对苯二胺粉末溶于 100 mL 乙醇溶液中形成淡粉色溶液。然后将溶液立即转移到聚四氟乙烯内衬高压釜中，在 200 ℃加热 12 h 后自然冷却至室温。通过二氧化硅柱层析分离得到混合物，洗脱液依次为体积比梯度从 1∶1 到 5∶1 变化的乙酸乙酯和二氯甲烷混合液和 100%乙酸乙酯溶液。

② 蓝色碳量子点的合成。红色碳量子点为中间产物，大浓度羟基自由基和叔丁基过氧自由基分别直接在红色碳量子点中生成。羟基自由基是在过氧化氢存在的条件下加入亚铁离子产生的。叔丁基过氧自由基是在过氧化氢叔丁醇存在的条件下加入亚铁离子产生的。由于在产生羟基自由基以及叔丁基过氧自由基的过程中无法避免产生副产物氢氧化铁胶体[53]，会干扰进一步的表征和分析，所以在进行傅立叶红外分析、荧光寿命测试、质谱分析之前进行离心操作以尽可能减少干扰。相比之下，在红色碳量子点中加入其他活性氧物质，仅能观察到红色碳量子点荧光猝灭的现象。

(2) 结果与讨论

① 碳量子点对活性氧的响应

图 4-2 为红色碳量子点对于羟基自由基以及叔丁基氧自由基的响应。a. 当羟基自由基的浓度从 2.5 μM 变化到 66.5 μM 时,红色碳量子点的荧光逐渐淬灭,当浓度达到 86.5 μM 时,一个明亮的蓝色发射带出现并逐渐上升。b. 当羟基自由基的浓度从 2.5 μM 变化到 56.5 μM,红色碳量子点的荧光逐渐淬灭,当浓度达到 66.5 μM 时,一个明亮的蓝色发射带出现并逐渐上升。所有插图照片都是在黑暗中用 365 nm 紫外灯(24 W)照射下拍摄的。

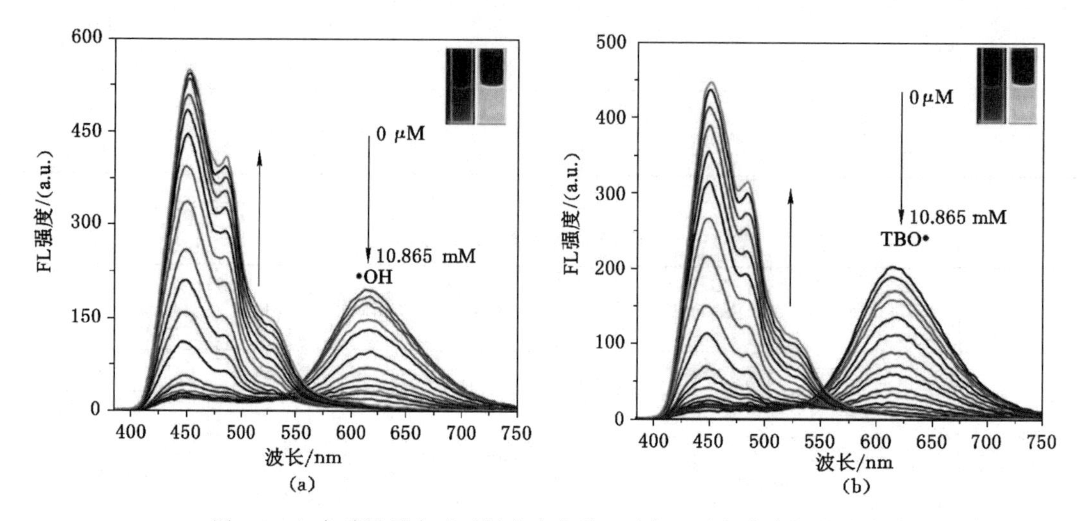

图 4-2 红色碳量子点对于羟基自由基以及叔丁基氧自由基的响应

对苯二胺分子在反应釜中发生聚合反应生成类聚合物的材料,经过加热之后进一步碳化[54]。如图 4-2 所示,红色碳量子点在加入低浓度的羟基自由基以及叔丁基过氧自由基之后发生淬灭效应(微摩尔级别)。通过不断加入羟基自由基,红色碳量子点转换成发射蓝色荧光的碳量子点。经 20 kW 脉冲氙气放电灯连续照射 1 h 后,红色碳量子点的光致发光仍保持稳定。蓝色碳量子点在冰箱内存放 2 个月仍然具有稳定性的荧光。

相比之下,红色碳量子点的荧光光谱在加入臭氧之后(由臭氧发生器产生的)发生了轻微的“蓝移”现象,这与图 4-2 中的红色碳量子点加入毫摩尔的羟基自由基和叔丁基过氧自由基之后的现象不一样。

红色碳量子点的最佳激发和发射位点分别位于 470 nm 和 617 nm,比加入两种自由基之后产生的蓝色碳量子点的斯托克斯位移更长。对于红色碳量子点而言,其含有 3 个发射峰,然而由于加入羟基自由基之后的反应是相对复杂的,所以将 3 个发射带明确分出来还是有一定难度的。猜测不同氧化程度的反应可能发生在碳量子点的表面,从而产生了不同的表面缺陷和表面状态。有趣的是,红色碳量子点以及蓝色碳量子点的最佳发射位点并不依赖激发波长。在一定范围内,随着激发波长的增大,红色碳量子点发射出来的荧光强度增大,但是对于蓝色碳量子点而言,荧光强度变化并不是很大。

② 碳量子点对于其他活性氧的响应

由于在产生羟基自由基和叔丁基过氧自由基的过程中,加入了亚铁离子以及过氧化氢,以及产生了铁离子,为了排除它们的干扰加入了对照试验。随后也在红色碳量子点溶液中加入其他活性氧(包括过氧化氢、次氯酸根、单线态氧、过氧化氢叔丁醇)来分别探究这些物质对红色碳量子点的影响。加入同等物质的量浓度的活性氧或干扰物质之后，它们在淬灭红色碳量子点荧光的同时，只是微弱打开左边的荧光。这些结果表明：产生的新的发射峰是加入的羟基自由基或者叔丁基过氧自由基产生的。

③ 对于红色碳量子点以及蓝色碳量子点的表征

图 4-3 微摩尔浓度的羟基自由基加入碳量子点之后，仅通过得到碳量子点表面的电子而淬灭其荧光。继续加入羟基自由基，羟基自由基大幅度切割红色碳量子点，使其转换为发射蓝色荧光的碳量子点。

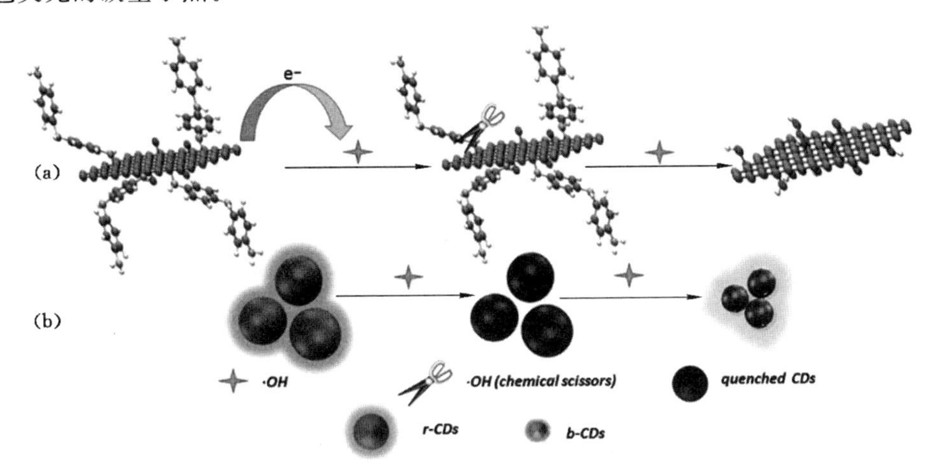

r-CDs—红色碳量子点；b-CDs—蓝色碳量子点；quenched CDs—碳量子点荧光猝灭。

图 4-3　碳量子点与羟基自由基作用及其荧光变化示意图

在这项工作中我们猜想：两种自由基加入红色碳量子点溶液之后先从红色碳量子点表面得到电子而淬灭碳量子点的荧光，浓度较高时会氧化且破坏碳量子点的表面长链基团而将红色碳量子点转化为蓝色碳量子点(图 4-3)。通过测定红色碳量子点以及向其中加入两种自由基之后的荧光寿命来验证这个猜想。荧光寿命测试结果表明：红色碳量子点加入微摩尔级别的自由基之后荧光寿命并没有发生改变，因而发生了静态淬灭。这些衰减谱分别在红色碳量子点和蓝色碳量子点的最大发射波长 617 nm 和 450 nm 处测量。当自由基的浓度为 4 μM 时，仅存在非常微小的蓝色发射部分，因此对于加入 4 μM 的两个基团，在 617 nm 下进行测量。还可以看出：与红色碳量子点相比，新的蓝色碳量子点显示出更短的荧光寿命。

采用乙醇溶液中罗丹明 B(0.5 mM)和硫酸奎宁(0.1 mM)为参比测定红色碳量子点和蓝色碳量子点的量子产率 Φ。分别以 495 nm 处的罗丹明 B、360 nm 处的硫酸奎宁的吸收值和综合光致发光强度为参考。Φ 的计算公式为：

$$\Phi_{\text{sample}} = \Phi_{\text{standard}} \cdot \frac{\text{Grad}_{\text{sample}}}{\text{Grad}_{\text{standard}}} \cdot \frac{\eta^2_{\text{sample}}}{\eta^2_{\text{standard}}}$$

式中，Φ 为是量子产率。而斜率代表荧光强度积分面积对于吸光度值的斜率；η 为溶剂的折射率。

红色碳量子点和蓝色碳量子点的量子产率分别为 11.7%和 9.4%。

H. Ding 等[55]曾报道：氧化程度的提高可以减小带隙，从而导致发射峰"红移"。然而，当直接加入毫摩尔浓度的氧自由基时，观察到红色碳量子点"蓝移"。因此，这两种自由基物种可能不仅起氧化作用，还可以用作"化学剪刀"，将红色碳量子点的表面链基团氧化和裂解成小尺寸的碳量子点，导致最大发射的"蓝移"。从 3 个样品的傅立叶红外光谱可以看出：加入羟基自由基后，样品中出现了更多的羟基基团。假设自由基攻击红色碳量子点时发生羟基化过程[56]。

用透射电子显微镜对碳量子点的形貌进行表征，红色碳量子点的直径在 13～38 nm 之间，平均直径为 21 nm。高分辨率透射电镜（HRTEM）图像显示红色碳量子点具有清晰的晶格条纹。0.21 nm 的层间间距可以归因于石墨烯的平面间距[57]。羟基自由基和叔丁基过氧自由基的加入显著减小了红色碳量子点的大小，并且用活性氧物质处理之后这些碳量子点的尺寸远小于初始红色碳量子点的尺寸。透射电镜结果清楚地表明：这两种自由基作为化学剪刀将红色碳量子点切割成小型蓝色碳量子点，最初的假设得到验证。测定蓝色碳量子点的尺寸范围为 1.4～4.7 nm，其平均尺寸为 2.5 nm。同样的，蓝色碳量子点的尺寸在 1.2～4.8 nm 之间，叔丁基过氧基的平均尺寸为 2.6 nm。为了进一步研究反应机理，随后进行了质谱分析。质谱图显示蓝色碳量子点的质量明显低于红色碳量子点。

利用傅立叶变换红外光谱（FTIR）和 X 射线光电子谱（scop）研究了碳量子点的表面官能团和化学组成。由 FT-IR 光谱可以看出：红色碳量子点的化学键存在多种不同的振动，包括 N—H 或 O—H（3 380～3 180 cm^{-1}）、C—H（2 916 cm^{-1}）、C ═ N（1 622 cm^{-1}）、苯环骨架（1 514 cm^{-1}）、芳香醚（1 270 cm^{-1}）和 C—O（1 106 cm^{-1}）。

在加入活性氧物质后，在 3 400 cm^{-1} 处观察到伸缩振动明显增强，表明存在更多的羟基基团，提高了材料的极性并且提高了亲水性。C—O 或 C—N 在 1 000～1 300 cm^{-1} 处的伸缩振动也得到增强。此外，苯环骨架和芳香醚（1 270 cm^{-1}）消失，表明碳量子点的结构被羟基自由基和臭氧部分破坏。进一步采用 X 射线光电子能谱（XPS）研究加入羟基之前和之后碳量子点表面上的官能团。全光谱表明：在加入活性氧物质之前和之后的所有样品由相同的元素组成。然而，红色碳量子点和蓝色碳量子点的差异是显而易见的。显然，碳量子点的 C 1s 可以对应于 sp^2 碳（C ═ C，284.7 eV），sp^3 碳（C—N，285.4 eV，C—O，286.1 eV）和羰基碳（C ═ O，288.0 eV）的 4 个峰。3 个样品的 O 1s 峰是 C—O（约 533 eV）。在用羟基自由基处理后，约 286 eV 的 XPS 强度增大，表明碳量子点表面上 C—O 含量相应增加，与 FT-IR 结果一致。碳量子点的 N 1s 可以分为 3 个峰，分别为 398.6 eV，399.2 eV 和 400.2 eV，分别代表吡啶 N、氨基 N 和吡咯 N。对于添加羟基自由基后的碳量子点，N 1s 在 401.8 eV 处测量，表明形成了亚胺的质子化。关于添加臭氧后的碳量子点，除了亚胺的质子化外，还含有结合能为 406.5 eV 的一氧化氮和结合能为 400 eV 的吡咯氮[58]。加入羟基自由基和臭氧后，氧含量分别从 5.21%增加到 38.15%和 33.59%（表 4-5）。有趣的是，氧化程度和氧含量的增加导致"蓝移"而不是光致发光的"红移"。因此，可以得出结论：通过改变碳量子点的大小和用羟基自由基氧化和破坏表面链基团，是转化荧光发射性质的关键且是有效的方法。

表 4-5　红色碳量子点以及加入羟基自由基和臭氧之后的基团含量

r-CDs	C＝C/C—C	C—N/C—O	C＝O	C＝N
	89.39%	1.55%	1.45%	7.61%
O_3	C＝C/C—C	C—N/C—O	C＝O	
	32.13%	49.58%	18.29%	
·OH	C＝C/C—C	C—O/C—OH/C—N		
	85.69%	14.31%		

④ 红色碳量子点和蓝色碳量子点的应用

蓝色碳量子点应用于检测二甲胺四环素。将二甲胺四环素(MOC)加入蓝色碳量子点溶液中并直接测量荧光强度以评估蓝色碳量子点的应用。加入不同浓度的 MOC 后，蓝色碳量子点探针的荧光强度逐渐降低。$F\text{-}F_0$ 的荧光强度与 MOC 浓度(10 μM，20 μM，30 μM，40 μM)呈良好的线性关系。而金属离子和其他分子没有观察到明显的反应和干扰，包括 Na^+、Mg^{2+}、Mn^{2+}、Ca^{2+}、Cd^{2+}、K^+、Ba^{2+}、Zn^{2+}、Cu^{2+}、Cd^{2+}、丙氨酸(Ala)、组氨酸(his)、氯四环素(CTC)、硫酸卡那霉素(KMS)、氨苄青霉素(AMP)。这些物质的浓度比盐酸米诺环素的浓度高 5 倍。实验结果表明：蓝色碳量子点可以用作荧光探针，用于对二甲胺四环素的检测，对环境中的污染物质具有良好的抗干扰作用。

红色碳量子点应用于检测超氧阴离子。将红色碳量子点溶于水、乙腈、乙醇、二甲基亚砜、二甲基甲酰胺溶液中，并且加入铁离子淬灭红色碳量子点荧光，随后通过加入超氧阴离子恢复其荧光。通过改变溶液进行尝试，最后实验结果表明该实验在乙腈中的效果最好。红色碳量子点淬灭之后红色碳量子点荧光恢复程度与超氧阴离子的浓度具有很好的线性关系。而探针对于其他活性氧以及金属离子没有响应，包含 Ba^{2+}，Cu^{2+}，Fe^{3+}，K^+，Mg^{2+}，Mn^{2+}，Na^+，Zn^{2+}，ClO^-，H_2O_2，·OH，$ONOO^-$，TBO·，$^1O_2$。

4.3.3　检测 TNT、NO_2^- 等

4.3.3.1　检测 TNT

(1) 双发射量子点比率荧光探针的合成

① 碲化镉量子点的合成。碲化镉量子点按照以下方法合成：首先取 0.031 9 g 碲粉和 0.05 g 硼氢化钠放入 2 mL 超纯水中，在氮气保护下搅拌反应。冰浴反应 6～8 h 以后可观察到溶液颜色由黑色逐渐变澄清，并伴随有白色沉淀物析出，上层的透明澄清液体就是碲氢化钠溶液(备用)。

将 0.228 4 g 氯化镉($CdCl_2$)加入 250 mL 除氧的超纯水中，随后加入 0.21 mol/L 巯基丙酸，再用 1 mol/L NaOH 溶液将其 pH 值调至 9，形成含有巯基化合物和镉离子的混合溶液。另外，将 5 mL 稀硫酸(0.5 mol/L)溶液注入生成的碲氢化钠溶液中生成 H_2Te 气体。将生成的 H_2Te 全部通入上述镉离子溶液，搅拌 20 min 后加热回流。控制回流时间，可得到表面羧基功能化的荧光发射峰位于 490～680 nm 处的碲化镉量子点水溶液。制得的量子点原始溶液在 15 W 的紫外灯下照射以提高荧光量子产率。碲化镉量子点溶液经超滤透析纯化，以去除制备体系中过量的未反应的镉离子、巯基化合物等物质。

② 包埋红色荧光量子点的氧化硅纳米粒子的制备与修饰。包埋红色荧光量子点的氧化硅纳米粒子的合成按 Stöber 的方法加以改进。具体合成过程如下：将 80 mL 乙醇和 40 mL 红色荧光量子点原液混合加入 250 mL 单口烧瓶，搅拌均匀。再加入 40 μL 的 γ-巯丙基三乙氧基硅烷室温下搅拌反应 6 h。然后，取 2 mL 正硅酸四乙酯和 2 mL 氨水加入上述体系中，接着反应 12 h。为了将氨基修饰到氧化硅表面，取 100 μL 的 γ-氨丙基三乙氧基硅烷加入体系中，再反应 12 h。反应结束后，包埋红色荧光量子点的氧化硅纳米粒子经乙醇和水分别洗涤若干次，以去除未反应完的物质。最终得到的氧化硅纳米粒子分散于超纯水中以待用。

③ 双发射量子点比率荧光探针的制备。将 1 mL 绿色荧光量子点溶液和 2 mg 包埋红色荧光量子点的氧化硅纳米粒子分散于 8 mL 的 MES 缓冲溶液中，再加入 1 mL EDC/NHS(1 mg/mL，质量比为 1∶1)，最终得到的混合液在室温避光条件下反应 2 h。EDC 和 NHS 的使用是为了使氧化硅表面的氨基和量子点表面的羧基共价耦联形成酰胺键。反应后，氧化硅纳米粒子经离心分离出来，并用超纯水洗涤以去除未偶联上的量子点和其他化学试剂。最终得到的表面包被绿色荧光量子点的氧化硅纳米粒子再分散于 6 mL 的 MES 缓冲溶液中，加入 0.5 mg 聚丙烯胺和 0.5 mL 的 EDC/NHS，在室温避光条件下反应半小时后得到双发射量子点比率荧光探针经离心洗涤再重新分散于 5 mL 超纯水中，待用。

④ 在液相中对分析物的荧光检测。在对目标分析物进行稳态荧光淬灭的探测中，所用的量子点比率探针的浓度为 12 μg/mL。稳态荧光光谱的获取是在目标分析物被加入后开始采集荧光光谱数据的。典型的过程是将 30 μL 的量子点比率探针加到荧光光谱石英比色皿中，再加入 3 mL 乙腈溶液。然后把 3 μL 的已知浓度的目标分析物加入比色皿中以获取稳态荧光光谱。稳态荧光光谱在 365 nm 的激发波长下被记录，所有测量均在室温下进行。另外，没有氨基修饰的发绿光量子点和聚丙烯胺修饰的发绿光量子点对 TNT 及其他类似物的测量均采用同样的方法进行。

⑤ 量子点比率荧光探针在滤纸上的组装及对不同表面 TNT 残留的可视化检测。取 0.5 mg 量子点比率荧光探针加入 10 mL 超纯水，超声约 10 min，直到形成分散均匀的溶液。将事先准备的一小片滤纸(剪成两种形状：圆形直径 $D=36$ mm；长方形 30 mm×45 mm)在持续超声下浸入上述均匀水溶液。约 2 min，取出滤纸，在暗室中放置，待滤纸稍微干燥。最终得到的含量子点比率荧光探针的 TNT 指示试纸在 365 nm 的紫外光照射下能够看到明显的黄绿色荧光颜色。为了可视化探测不同表面(包括信封、合成纤维包和橡皮)上的 TNT 爆炸物残留，5 μL 不同浓度的 TNT 标准溶液(0.1 mM、0.5 mM、1 mM、5 mM)被分别滴在信封和合成纤维包的表面。每滴沉积成一个直径约为 12 mm 的斑点(斑点的面积约为 113 mm^2)，表面的 TNT 爆炸物残留量可通过滴加的溶液浓度、体积和形成的斑点面积进行估算。取制备好的指示试纸覆盖在表面上的 TNT 残留斑点上，铺平，并轻轻按压，以便于探针尽可能多地捕获到表面的 TNT 残留。然后，采用类似指纹提取技术，取指示试纸在紫外灯(8 W，最大发射波长为 365 nm)下观察荧光颜色的变化。此外，用橡皮刻成的“TNT”形状的印章也按同样的方法展示颜色变化。

(2) 结果与讨论

① 比率荧光探针的设计与可视化检测原理

在已经报道的爆炸物 TNT 检测的荧光探针中，大多数都是以单一荧光单元的增强或减弱作为响应信号。这种基于单一荧光强度变化的探针除具有易受检测底物的影响、光漂白等缺点外，还可能同时受到诸如探针浓度、温度、极性、环境的 pH 值、稳定性等众多可变或难以定量的因素的干扰。为了减少这些因素的影响，拟采用比率荧光检测的方法来设计探针检测 TNT。比率荧光检测是指两个荧光发射强度的比值随着目标分析物的变化而变化[59-61]。比率荧光检测的一个突出优点是通过强度比值的变化提高动态响应的范围，通过建立内标，极大地削弱其他因素的干扰，实现对目标分析物的定量检测[62-65]。但是由于有机染料激发光谱狭窄且发射光谱大多数有拖尾现象，实现多发射信号输出存在困难，到目前为止开发比率荧光探针检测 TNT 还未见文献报道。量子点拥有激发范围宽、单一波长可激发多发射光谱、发射光谱窄等优点[66-68]，对构建比率荧光探针具有得天独厚的优势，其高效率的发光特性可进一步实现可视化检测。

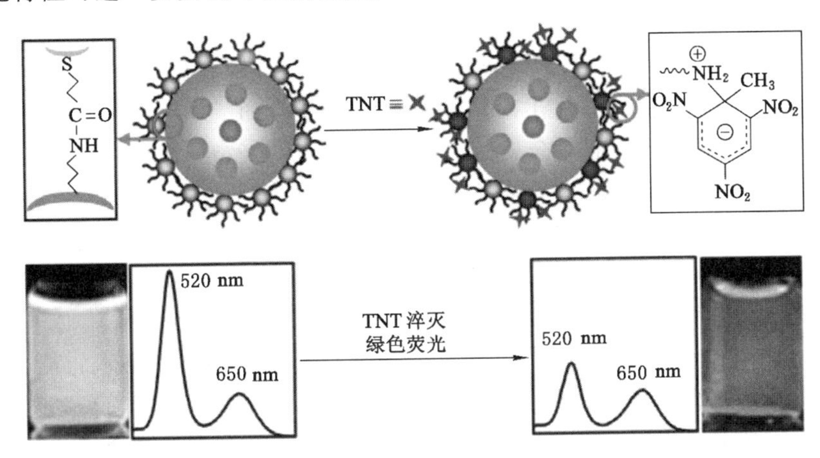

图 4-4 双发射量子点比率荧光探针的结构与可视化检测原理示意图

本书选用两种不同颜色的量子点作为信号输出单元构筑比率荧光探针。图 4-4 描述了该双发射量子点比率荧光探针的结构及其对爆炸物 TNT 的可视化检测原理。首先通过 Stöber 方法合成包埋红色荧光量子点的氧化硅纳米粒子，然后在氧化硅纳米粒子表面共价键合绿色荧光量子点构筑双发射量子点比率荧光探针超结构[69]。该比率荧光探针在单一波长的激发下具有独特的、较好分辨的双发射带。探针表面的绿色量子点用聚丙烯胺功能化，以修饰的氨基结合识别爆炸物 TNT。缺电子的 TNT 分子能够与富电子的伯胺反应形成名为 Meisenheimer 的复合物，并在可见光区产生一个强的吸收峰，先前的工作已经对此现象做了系统的研究[70-74]。因此，聚丙烯胺链上的氨基基团通过形成 Meisenheimer 复合物的方式识别 TNT 分子，比率探针外层的量子点与结合 TNT 形成的 Meisenheimer 复合物间发生荧光共振能量转移而淬灭荧光。同时，比率探针内部的发红光量子点的荧光并不受 TNT 的影响，以此建立内标。通过双发射比率探针的强度比值的变化输出光学信号，并导致荧光颜色由绿色到红色的改变，从而实现对爆炸物 TNT 的可视化检测。

② 包埋红色荧光量子点的氧化硅纳米粒子的表征

基于图 4-4 所示比率探针的构建思路，首先要解决的问题是建立内标。二氧化硅因为具有光学透明、惰性等性质成为考虑包覆量子点的首选材料。二氧化硅因其制备工艺成熟、简单，方便合成，在纳米科学应用领域扮演着重要的角色。同时，氧化硅作为一种理想的包覆材料，表面含有大量的羟基，极易进行后功能化，可以修饰各种官能团，便于利用。氧化硅包覆量子点最常用、制备成熟的方法是正硅酸四乙酯的溶胶凝胶反应，具体细节见实验部分。将发射波长在 634 nm 水相合成的量子点与 γ-巯丙基三乙氧基硅烷、正硅酸四乙酯混合，在氨水催化下反应。为了对氧化硅表面进行氨基化修饰，在反应后期加入 γ-氨丙基三乙氧基硅烷继续反应。按此方法一步合成表面氨基化的包埋红色荧光量子点的氧化硅纳米粒子。由图 4-4 可以看出：合成的氧化硅纳米粒子颗粒较均匀，粒径约为 50 nm。由 TEM 照片可进一步看出量子点已经被包埋在氧化硅基体中。作为比率探针的内标，考察了 TNT 对氧化硅纳米粒子荧光的影响。即使 TNT 的浓度增大到 1×10^{-4} mol/L，纳米粒子的荧光仍然没有受到大的影响，只有轻微的荧光淬灭，这可能是少量量子点吸附在氧化硅表面没有被洗掉引起的。总体而言，包埋进入氧化硅内部的量子点荧光不受 TNT 的影响。

③ 比率荧光探针的形貌及光谱性质

在得到均匀分散、荧光性能保持的包埋红色荧光量子点氧化硅纳米粒子之后，进一步在表面共价连接绿色荧光量子点，构建比率荧光探针。采用 EDC 和 NHS 两种经典脱水缩合剂，使表面带羧基的量子点与氧化硅表面的氨基反应生成酰胺键，从而将绿色荧光量子点共价结合在氧化硅表面，得到双发射量子点比率荧光探针。比率探针粒子比较均一，粒径约为 50 nm。比率探针的两个发射带没有出现光谱重叠现象，易分辨。在同一波长激发下，基本保留了原来两种量子点的荧光性质。其中比率探针的一个发射带在 525 nm 与绿色荧光量子点的发射光谱完全一致。比率探针的另一个发射峰位于 650 nm 处，相对于红色荧光量子点的 634 nm 约红移 16 nm，这可能是由于在制备过程中采用乙醇和水的混合溶液，而乙醇是水相量子点的不良溶液，导致量子点有轻微的聚集，进而引起发射峰位的移动。相对两种大小量子点的荧光颜色，比率探针的颜色为黄绿色，可由比率探针两个峰位的比值来调节混合颜色的变化。

④ 比率荧光探针的稳定性

包埋红色荧光量子点的氧化硅纳米粒子是非常稳定的。我们监测了其分散在水溶液中的荧光随时间的变化趋势，在 3 h 内，荧光性质非常稳定，没有任何变化。事实上，制备的包埋红色荧光量子点的氧化硅纳米粒子保存在水溶液中长达一年时间，其荧光性质依然保持良好。可见在量子点表面包覆惰性的氧化硅层是一种较好的保持量子点荧光的好方法。表面氧化硅包覆后，量子点的荧光不再受氧气氧化等因素的影响。从比率探针分散在水溶液中的相对荧光强度随时间的变化趋势可以看出：在 2 h 内，其荧光保持良好，虽有轻微的衰减，但降幅在 5%以内，总体上不会对分析结果产生影响。因此，构建的比率荧光探针是比较稳定的，能够满足分析检测的需要。

⑤ 比率荧光探针对爆炸物 TNT 的分析检测

爆炸物 TNT 的可视化检测。按比率荧光探针的可视化检测原理，在 TNT 存在下，通过荧光强度比值的变化能够实现可视化检测。实验结果证明了我们所提出的双发射量子点比率荧光探针对 TNT 可视化检测原理的可操作性。比率荧光探针在单一波长激发下具有两个独立的发射峰位(520 nm 和 650 nm)，分别由探针表面的绿色荧光量子点和氧化硅内部的红色荧光量子点产生。探针表面的绿色荧光量子点的发射强度随着 TNT 量的增加而急剧下降，而包埋在氧化硅内部的红色荧光量子点的发射强度保持不变。随着 TNT 量的增加，比率探针两个发射波长的强度比值也在变化，直接导致荧光颜色由先前的黄绿色逐渐过渡到黄色、橙色，最终变成深红色。即使是探针表面绿色量子点的荧光强度略有降低，相对原来黄绿色的荧光背景，仍然能够用肉眼看到可区分的、明显的颜色变化。为了验证使用比率荧光方法可视化检测TNT的优势，以大多数TNT检测研究中所采用的单一荧光强度淬灭做对照实验。可清晰地看出：用聚丙烯胺修饰的绿色荧光量子点随着TNT量的增加，其荧光淬灭趋势与比率探针相当。当TNT浓度增大到1×10^{-4} mol/L时，二者都淬灭约66%。但是，单一荧光强度变化的纯绿色荧光很难用肉眼直接区分，而比率荧光在此浓度的TNT存在下已经出现极易区分的黄绿色到深红色的变化。因此，相比于单一荧光强度变化的检测方法而言，比率荧光检测方法更灵敏，其可视化检测更加可靠和容易分辨。

比率荧光检测的一个突出优点是通过建立内标，极大削弱其他因素的干扰，实现对目标分析物的定量检测。因此，进一步考察了比率荧光探针对TNT检测的定量分析。比率荧光的强度比值($\lg I_{520}/I_{650}$)与TNT浓度呈较好的线性关系，由此可实现对TNT的定量分析。

为了更好地理解比率荧光检测方法的可视化检测机制及有效性，进一步研究了该双发射量子点比率荧光探针对TNT及其他含硝基化合物的选择性。首先研究了没有经过表面氨基化修饰的绿色荧光量子点对硝基化合物的选择性。TNT、DNT、NB、RDX对量子点的单荧光强度淬灭趋势差不多，并没有出现明显的选择性区别，只有TNT引起了稍微多点的淬灭，这可能与TNT的缺电子性质对量子点表面缺陷的影响有关。

比率荧光探针的强度比值(I_{520}/I_{650})与硝基化合物的浓度呈线性关系。DNT、NB和RDX并没有引起强度比值明显变化，而TNT的加入导致强度比值急剧下降。当TNT浓度增大到1×10^{-4} mol/L时，强度比值下降约66%，而DNT、NB和RDX在此浓度下强度比值下降在10%以内。因此，比率荧光探针对TNT的检测具有非常好的选择性。这种高选择性也表现在可视化检测上，随着TNT的加入，比率荧光探针溶液的颜色从黄绿变到深红，而DNT、NB和RDX的荧光颜色变化并不明显，肉眼难以分辨。

由这种高选择性可以看出：TNT对探针表面的绿色荧光量子点的淬灭效率远大于DNT、NB和RDX。这种结果可能与共振能量转移导致荧光淬灭有关。实验结果表明：TNT与聚丙烯胺反应后在500 nm的可见光区出现一个明显的吸收峰，而DNT、NB和RDX与聚丙烯胺混合后在400 nm以后的区域均没有任何吸收。在以前的研究中，TNT极易与巯乙胺、γ-氨丙基三乙氧基硅烷等伯胺反应生成Meisenheimer复合物，正是这种复合物在可见光区有吸收。实验结果再次证明了这种复合物的存在。因此，由于聚丙烯胺链上的伯胺与TNT形成Meisenheimer复合物，一方面可以更多地捕获识别TNT，另一方面Meisenheimer复合物的吸收峰与探针表面绿色荧光量子点的发射峰重叠，导致量子点发生共振能量转移而淬灭。而DNT、NB和RDX的加入不会引起量子点发生共振能量转移，所以荧光淬灭并不明显。因此，量子点表面修饰聚丙烯胺对提高比率荧光探针检测TNT的选择性至关重要，通过利用聚丙烯胺链上的伯胺与TNT形成Meisenheimer复合物的方式来实现捕获识别TNT是比率荧光探针构建的基础。

指纹提取不同表面TNT残留的可视化检测。由于TNT的蒸汽压力低，极易附着在固体表面，造成潜在的安全威胁。因此，快速现场鉴定可疑物体表面的痕量TNT残留是一个关乎安全检查需要的挑战性工作。该紧迫应用需求，激发了我们开发类似指纹提取技术，建立即时、现场和可视化的检测不同表面痕量TNT残留的新方法。用比率荧光探针组装的指示试纸紧贴在不同表面的可疑区域，由于探针表面的氨基易与 TNT 形成 Meisenheimer 复合物，因此捕获可疑区域的 TNT 残留。指纹提取后，在紫外灯照射下，指示试纸上捕获到 TNT 的地方因发生共振能量转移导致荧光强度比值的急剧变化，因而肉眼可观察到相对黄绿背景的颜色变化，从而以试纸颜色改变的简单方法指示 TNT 的存在。

为了实现指纹提取技术的实际应用，首先将比率荧光探针固定在滤纸基体中，制成方便操作的 TNT 指示试纸。取一片普通的中速规格滤纸浸泡在比率荧光探针溶液中，随后比率荧光探针由于亲水性和氢键相互作用吸附进入滤纸基体。然后取出滤纸，在暗室中放置，待滤纸稍微干燥。最终得到的 TNT 指示试纸在 365 nm 的紫外光照射下能够看到明显的黄绿色荧光颜色。为了可视化探测不同表面(包括信封、合成纤维包和橡皮)上的 TNT 残留，模拟了检测表面 TNT 残留的过程。首先，将不同浓度的 TNT 标准溶液分别滴在信封、合成纤维包和橡皮表面，不同表面的 TNT 最终残留量可通过滴加的溶液浓度、体积和形成的污染斑点面积进行估算。然后，取制备好的指示试纸覆盖在表面上的 TNT 残留斑点上，铺平，并轻轻按压，以便于探针尽可能多地捕获到表面的 TNT 残留。最后，采用类似指纹提取技术，由指示试纸的颜色变化指示 TNT 的存在。在紫外灯照射下，捕获到 TNT 残留的斑点区域的颜色发生了明显变化，由黄绿色变成红色。TNT 残留量越大，颜色的区分越明显。当信封表面的 TNT 残留量为 25 ng/mm^2 时，相对于黄绿色的颜色背景，一个深红色的污染斑点及时地显现出来。在橡皮和合成纤维包表面的 TNT 残留也出现了相同的现象。在没有进一步优化的条件下，指示试纸对信封和合成纤维包表面 TNT 残留的检测限分别为 5 ng/mm^2 和 50 ng/mm^2，这种敏感程度的区别可能是信封和合成纤维包表面的粗糙度不同引起的。因此，我们开发的指示试纸能够指示不同表面的 TNT 残留，方法简单可靠、易于操作。

4.3.3.2 检测 NO_2^-

(1) 氧化石墨烯支撑金纳米团簇对亚硝酸盐离子的敏感和选择性检测

① 人血白蛋白 HSA 稳定金纳米团簇的合成。所有的玻璃器皿都用超纯水洗了三次。采用 HSA 代替牛血清白蛋白(BSA)，首次合成了红色荧光金聚纳米簇(AuNCs)。HSA 中含有较少的酪氨酸，可以降低 $HAuCl_4$ 的还原率，提高荧光金纳米团簇的收率[75]。简单地说，就是 2 mL HSA(50 mg/mL)水溶液转移到 2 mL 的 $HAuCl_4$(1×10^{-2} mol/L)。搅拌 2 min 后加入 500 μL 的 1 mol/L 的 NaOH 溶液。37 ℃下，混合液在 6 h 内颜色由淡黄色变为红棕色，形成红色荧光 HSA-AuNCs。然后将 HSA-AuNCs 溶液在超纯水中透析 24 h，通过相对分子质量约为 3 500 的透析膜去除未反应的 $HAuCl_4$ 或 NaOH。最后，将溶液保持在 4 ℃以备后续使用。该悬浮液在紫外光照射下呈亮红色荧光，最大荧光强度在 670 nm 处，激发波长为 365 nm。

② 荧光氧化石墨烯的合成。以天然石墨为原料，采用改良的 Hummers 法制备了氧化石墨烯粉[76-77]。采用下列方法制备了已二胺修饰的荧光氧化石墨烯($GO\text{-}C_6NH_2$)。约 20 mg 干燥的氧化石墨烯分散于 DMF (5 mL)和 $SOCl_2$(20 mL)中，在 80 ℃下回流反应 24 h。为去除混合液中多余的 $SOCl_2$ 和 DMF，在离心后弃上清，剩余固体用无水 THF 洗涤 2 次，以 10 000 r/min 的转速旋转 10 min。随后，活性氧化石墨烯酰氯(GO-COCl)加入已二胺后，在 80 ℃下搅拌 48 h。然后将反应溶液分散在乙醇(20 mL)中。将混合物真空过

滤后得到淡黄色上清。旋转蒸发后，在高真空下干燥得到己二胺功能化氧化石墨烯($GO-C_6NH_2$)，然后在乙醇(20 mL)中容易再分散成淡黄色悬浮液。悬浮液在紫外光照射下呈亮蓝色荧光，最大荧光强度位于 450 nm 处，激发波长为 365 nm。

③ 纳米杂化荧光探针的制备。红色荧光 HSA-AuNCs 首先附着在己二胺功能化的氧化石墨烯表面($GO-C_6NH_2$)，通过静电吸引或羧基与氨基之间的氢键作用。在一个典型的程序中，将 1 mL 的 $GO-C_6NH_2$ 水溶液与 4 mL 的 HSA-AuNCs 水溶液共同倒入 10 mL 的烧瓶中搅拌混合。将混合溶液在黑暗中剧烈搅拌 2 h，形成纳米杂化物。纳米杂化物具有很高的稳定性，无法通过离心、溶剂萃取、透析等方法将其分离。

④ 纳米杂化体系对亚硝酸盐阴离子的荧光响应。对亚硝基阴离子(NO_2^-)进行检测时，将 25 μL 的合成纳米杂交探针注入 2.0 mL 的 tris-HCl 缓冲液(25 mM，pH 值为 5.0)，并置于石英分光光度管中。加入 20 μM NO_2^- 溶液 4 min 后获得荧光光谱。然后将不同浓度的 NO_2^- 水溶液注入上述探针溶液中。荧光测量前，在室温下彻底摇匀混合物。在室温和环境条件下，使用 365 nm 激发波长记录荧光光谱，并通过 3 次独立测量获得其平均值。在紫外灯(激发波长为 365 nm)下观察其颜色变化。

(2) 结果与讨论

① 制备的 HSA-AuNCs 和 $GO-C_6NH_2$ 的表征。

深棕色 HSA-Au 纳米团簇在可见光范围内没有表面等离子体共振吸收，而纳米团簇在 670 nm 处表现出强烈的红色荧光。荧光变化是由尺寸非常小的 AuNCs 引起的量子限制效应的结果[78]，与 TEM 表征的 HSA-AuNCs 的形貌一致。所制备的 HSA-AuNCs 的尺寸约为 5.0 nm，分布窄。HSA-AuNCs 的光稳定性研究也通过在功率为 20 kW 的氙气光源下连续脉冲辐照它们的溶液进行。在紫外光照射下，连续照射 2 h 后，每隔 5 min 记录一次荧光光谱 30 min。可以清楚地看到：HSA-AuNCs 的荧光强度在这两个过程中几乎保持不变。这些结果表明荧光 HSA-AuNCs 具有良好的光稳定性和抗光漂白性能，具有很好的应用前景。

近年来，由于石墨烯在许多领域的广泛应用，引起了人们的广泛关注[79]。然而，有报道称，未改性的氧化石墨烯的荧光量子产率很低。因此，强荧光的氧化石墨烯与己二胺功能化($GO-C_6NH_2$)根据报道的方法，通过胺化反应和表面开环胺化，经过少量的修饰，成功合成 GO 纳米片[80]。此外，氧化石墨烯和金纳米团簇的尺寸分别为 50～200 nm 和 5 nm。可以清楚看到：金纳米团簇被加载到石墨烯氧化物的表面。在高分辨率 TEM 图像中未观察到石墨烯覆盖的金纳米团簇的核壳结构，这是预料之中的，因为杂交过程是在温和的条件下进行的。由 $GO-C_6NH_2$ 的荧光激发和发射光谱可以清楚地看到 $GO-C_6NH_2$ 水溶液显现出强烈的蓝色荧光，肉眼很容易看到，数码相机可以记录下来。

氧化石墨烯在约 230 nm 处的吸收峰被指定为 C ═ C 的 π-π^* 跃迁，这是合成物的肩部吸收的 n-π^* 跃迁，可以归因于氧化石墨烯 C ═ O [81]。己二胺功能化后，在 276 nm 和 350 nm 处出现了两条新的吸收带，吸收带变得更加明显和清晰，这很可能是羧基浓度降低造成的。结果表明：$GO-C_6NH_2$ 表面有新的发光中心形成和增加，这与之前的报道一致[75]。$GO-C_6NH_2$ 的荧光强度在 pH 值为 4～10 时基本没有变化，说明 $GO-C_6NH_2$ 对 pH 值变化不敏感。$GO-C_6NH_2$ 的耐光性能通过在连续光照下监测 30 min 的荧光光谱进行评估。研究结果表明：荧光氧化石墨烯-C_6NH_2 对连续光漂白具有良好的光稳定性。

② 纳米杂化体系的表征。

首先通过荧光强度的变化研究了纳米杂化体系中 HSA-AuNCs 与 GO-C_6NH_2 之间的相互作用。无论是 GO-C_6NH_2 的荧光强度，还是 HSA-AuNCs 的荧光强度，都随着另一种的加入而逐渐降低，这可能与激发光的竞争吸收有关。结果与我们最近报道的工作成果相似[82]。纳米杂化体系的吸收光谱 270 nm 处有一个分辨明显的峰，这是纳米杂化体系的两组分的光谱重叠所致，说明该体系在水中具有良好的分散性。纳米杂化的 TEM 图像显示 Au 纳米团簇均匀地分布在氧化石墨烯表面。根据制备工艺估算，金纳米团簇的负载因子为 0.17 mg/mg。此外，通过每隔 2 min 监测荧光光谱还研究了纳米杂化体系的光稳定性在三氯化氢缓冲溶液中浸泡 20 min。研究结果表明：该纳米杂化体系具有良好的光稳定性，具有潜在的传感应用前景。我们利用红色荧光的 HSA-AuNCs 和蓝色荧光形成了一个比率的纳米杂化体系，其中 HSA-AuNCs 在纳米杂化体系中的荧光可以被 NO_2^- 选择性淬灭，而 GO-C_6NH_2 的荧光保持不变，导致纳米混合体系的荧光颜色发生明显的变化（从红色到蓝色）。与其他荧光传感器相比，HSA-AuNCs 对亚硝酸盐阴离子的响应速度更快，约为 4 min[75]。例如，BSA 功能化的金纳米颗粒对亚硝酸盐阴离子的响应时间为 10 min。

③ 纳米杂化体系对亚硝酸盐阴离子的荧光响应。

当暴露于 NO_2^- 时，HSA-AuNCs 的荧光由于 NO_2^- 的静态淬灭模式而显著淬灭[73]，而 GO-C_6NH_2 的蓝色荧光对 NO_2^- 是惰性的。这两种强度比的微小变化导致探针的荧光颜色发生明显变化，有利于对 NO_2^- 的目测。在三氯化氢缓冲溶液（25 mM）中，研究了 NO_2^- 的荧光响应对 pH 值的依赖性。通过监测荧光的稳定性和重现性，优化 pH 缓冲体系。显然，在没有 NO_2^- 的情况下，pH 值在 4～9 范围内的变化对纳米杂化体系的荧光影响很小，这是因为 HSA-AuNCs 的红色荧光略有增加，而 GO-C_6NH_2 的蓝色荧光在 pH 值范围内几乎没有变化。这种纳米杂化体系比 BSA-AuNCs 体系更稳定。然而，在存在 NO_2^-（20 μM）时，由于 HSA-AuNCs 的红色荧光被淬灭，比率探针的荧光淬灭效率随着 pH 值从 4 到 5 的增大而逐渐增大，然后随着 pH 值从 5.0 到 9.0 的增大而迅速下降。因此，结果表明 pH 值为 5.0 为最适合检测 NO_2^- 的条件，下面实验选择此条件。

纳米杂化体系对 NO_2^- 的荧光响应在三氯化氢缓冲溶液（pH 值为 5.0）中随着 NO_2^- 含量的增加，HSA-AuNCs 的红色发射强度逐渐降低，而 GO-C_6NH_2 的蓝色发射强度保持不变。荧光强度比的变化导致了可区分的荧光颜色演变。通过与 HSA-AuNCs 单次荧光淬灭实验的对比，可以证实这种比率荧光法用于目测检测的优势。与比率法不同的是，荧光图像为单一的红色 HSA-AuNCs，与其他图像很难区分。荧光强度变化与 NO_2^- 浓度呈较好的线性关系。荧光强度的比值与 NO_2^- 的含量相关系数为 0.998，根据 3 倍空白信号偏差（3σ）的定义，可计算出检测限低至 46 nM，远低于其他荧光方法的检测限[83-85]。例如，NO_2^- 被 BSA-AuNCs 检测的极限浓度报道为 100 nM[83]。结果表明采用该方法检测 NO_2^- 的灵敏度高于其他传统方法。

研究了一种纳米杂化探针对各种常见离子的选择性。这些离子包括 Na^+，Zn^{2+}，Ca^{2+}，Cu^{2+}，NH_4^+，Ac^-，ClO_4^-，PO_4^{3-}，Cl^-，Br^-，SO_4^{2-}，NO_3^- 和 NO_2^-。结果表明：20 μM 的亚硝酸盐可以使 HSA-AuNCs 的红色荧光淬灭 80%，而同等浓度的其他离子对其红色荧光不淬

灭。结果表明：纳米杂化探针对 NO_2^- 具有较高的选择性，并且在很多方面具有检测 NO_2^- 的潜力。此外，其他离子对 NO_2^- 检测的干扰已检查。可见，NO_2^- 对纳米杂化体系的荧光淬灭反应在有或没有其他潜在干扰离子的情况下几乎相同，即使它们的浓度高5倍。这些结果表明这些离子对 NO_2^- 的检测没有明显的干扰。

④ 峰值和回收测试。

采用纳米复合物检测在自来水、湖水和腌肉等真实样本中的 NO_2^-，以评估其效用。首先用普通的定性滤纸对湖水进行两次过滤，以去除固体悬浮物。对于肉样，首先将10 g腊肉粉碎，加入10 mL超纯水搅拌均匀。将混合物在环境条件下保存一天，然后在5 000 r/min转速下离心分离。上清液经0.45 μm的苏泊尔过滤器滤膜过滤以去除不溶性残渣。回收研究是在每个实际水样中添加3种浓度的 NO_2^- 进行的(8.20 μM、12.4 μM、16.8 μM)。每次测量一式3份，平均值以标准差表示(表4-6)，可以看出在实际水样中得到的值与加标浓度吻合较好。结果表明：真实水样中的杂质对检测没有造成严重干扰。因此，在没有其他共存竞争物种干扰的真实样本中，所提出的纳米混合传感器在 NO_2^- 的检测方面具有潜在的应用前景。

表4-6　测定在自来水、湖水和腊肉样品中的 NO_2^{-a}

	自来水		湖水		腊肉	
峰值浓度 /10^{-6} M	发现浓度 /10^{-6} M	恢复率/%	发现浓度 /10^{-6} M	恢复率/%	发现浓度 /10^{-6} M	恢复率/%
8.2	8.04	98.01±2.03	7.67	93.49±1.98	8.42	102.7±1.76
12.4	12.2	98.07±1.93	11.8	94.89±1.58	12.8	103.2±1.82
16.8	16.5	98.45±1.92	15.8	93.81±1.77	17.1	101.6±1.58

注：*a* 所示数值为 NO_2^- 的计算平均值(每个样品的浓度测3次)。

⑤ 基于纸张的亚硝酸盐视觉检测方法。

我们进一步证明纳米混合探针已被用于纸基传感器以检测 NO_2^-。将探针溶液沉积在纸上，在室温下风干30 min即可完成。这种指示纸在4 ℃黑暗中保存时非常稳定。即使在储存一个月后，荧光和对亚硝酸盐的灵敏度也不会下降。检测 NO_2^- 时，先将2 μL的水样滴在指示纸上，然后在室温下风干5 min。然后将指示纸转移到紫外线灯下进行肉眼观察。很明显，随着 NO_2^- 浓度的增大，可以观察到从红色到蓝色的明显变化。检测限定义为 NO_2^- 的浓度产生荧光颜色变化，很容易注意到。NO_2^- 的目测检测限采用指示纸法时发现为4 μM。这些实验和结果证明了利用纸张传感器对真实样本的 NO_2^- 进行视觉检测具有实用性。

4.3.3.3　小结

本小节展示了一种双色荧光纳米杂化探针，可选择性地和灵敏地检测亚硝酸盐。纳米杂化探针由发射蓝色的氨基功能化氧化石墨烯和发射红色的金纳米团簇组成。这种纳米杂化探针可以根据荧光颜色变化定量测定亚硝酸盐。在实际样品中，比率纳米混合探针已被进一步证明可以快速、现场和可视化识别 NO_2^-。此外，荧光强度的比率变化与氮的生物代谢有关，具有在体内对亚硝酸盐成像的潜力。

4.3.4 检测重金属离子

4.3.4.1 非晶碳纳米点 CND 的合成

(1) 非晶碳纳米点 CND 的合成

无水柠檬酸(0.38 g,2 mmol)和尿素(0.36 g,6 mmol)溶解在甲酰胺(20 mL)中,然后超声 15 min。混合物被移入聚四氟乙烯内衬高压反应釜中在 180 ℃条件下反应 10 h。为了消除固体,反应溶液在 10 000 r/min 转速下离心 10 min。所得溶液通过 0.22 μm 膜过滤,然后用纤维素酯透析膜袋(截留分子量)透析(MWCO=1 000)处理 24 h,去除小分子和未反应的试剂。制备的 CND 溶液储存在冰箱中(4 ℃)。

(2) CND 的荧光量子产率

CND 的荧光量子产率(QY)是根据之前建立的程序确定的[35]。本实验选用硫酸奎宁(0.1 M H_2SO_4)作为标准对照样品。根据相关文献,硫酸奎宁的荧光量子产率为 54%。CND 的荧光量子产率计算公式如下:

$$Y_1 = Y_2(S_1/S_2)(A_2/A_1)(\eta_1/\eta_2)^2 \tag{4-1}$$

式中,Y 为量子产量;S 为峰面积;A 为吸光度;η 为溶剂的折射率(因为未知物质的浓度和参考标准物质浓度在这个实验中非常低,溶质的影响一致认为可以忽略,二者都是 1.33);下标 1 和 2 分别代表待测未知物质和参比标准物质。

详细的计算数据见表 4-7。

表 4-7 基于硫酸奎宁的 CNDs 量子产率计算

试样	S	A	η	Y/%
非晶碳纳米点(CND)	31 534	0.80	1.33	50.7
硫酸奎宁	31 015	0.74	1.33	54.0

采用 CND 荧光法检测 Hg^{2+} 和 GSH:为了评价对 Hg^{2+} 的选择性,首先将 10 μL 的探针储备液加入 2 mL PBS 缓冲液,得到最终的探针溶液。然后将最终浓度为 0 ～ 10 μM 的 Hg^{2+} 滴加到目标液中。在 410～700 nm 范围内采集了混合物的光致发光(PL)强度。其他离子同样被检测到。所有荧光测量的激发波长为 392 nm。与 Hg^{2+} 的测定方法类似,在 Hg^{2+} 浓度为 10 μM 的 Hg^{2+}-CND 溶液中加入不同浓度的 GSH (0～20 μM),记录其荧光光谱。检测其他氨基酸以评价探针对谷胱甘肽的选择性。在最佳条件下进行 GSH 和 Hg^{2+} 的检测(10 mM PBS 缓冲液,pH 值为 8,室温)。

采用 CND 比色法检测 Hg^{2+} 和 GSH:与 GSH 和 Hg^{2+} 的荧光强度检测操作相似,记录的紫外可见吸收光谱范围为 200～700 nm。

4.3.4.2 结果与讨论

(1) CND 的表征

用透射电子显微镜(TEM)研究 CND 的形貌。将合成的 CND 溶液冷冻干燥,得到 CND 固体粉末,证明得到的 CND 色散良好,分布均匀。通过高分辨率透射电子显微镜(HRTEM)观察未见条纹,表明 CND 为非晶态。CND 的粒径范围为 1～8 nm,平均粒径为

3.45 nm，符合高斯正态分布。

傅立叶变换红外光谱分析结果显示了 CND 的一些特征峰。在 3 422 cm^{-1} 和 3 185 cm^{-1} 处的宽峰可能对应 O—H 和 N—H 的拉伸。加入 Hg^{2+} 后，N—H 和 O—H 的峰位发生了变化，表明 N—H 和 O—H 基团与 Hg^{2+} 形成了强结合。加入 Hg^{2+} 后，1 631 cm^{-1} 处的特征醛肟(C ═ N)增宽，并移至 1 647 cm^{-1}，提示 C ═ N 基团与 Hg^{2+} 结合。同时，加入 Hg^{2+} 后，C—N 拉伸特征峰(1 399 cm^{-1})变得非常尖锐，并转移到 1 384 cm^{-1}。因此，我们提出了 CND 与 Hg^{2+} 的可能的反应机理，即 O—H(1 个 O 原子)、N—H、C ═ N(2 个 N 原子)基团参与了与 Hg^{2+} 的络合。基于配合物的生成，Hg^{2+} 的螯合增强了淬灭效果，导致荧光降低，溶液颜色发生变化。通过 XPS 测定 CND 的键、表面官能团和化学组成的性质。CND 的 XPS 有 3 个主要峰值，分别为 284.8 eV、399.4 eV 和 531.2 eV，分别对应 C、N 和 O。这些数据表明 CND 由 C(61.65%)、N(24.64%)和 O(13.71%)组成。C 1s 在 284.5 eV、285.6 eV 和 286.7 eV 处的高分辨率峰分别对应 C—C/C ═ C、C—N 和 C—O。从最强峰(284.5 eV)可以看出：CND 的碳元素主要由 C—C/C ═ C 组成。398.7 eV 和 399.7 eV 的 N 1s 高分辨率峰分别为 C ═ N 和 N—H。由 399.7 eV 的峰值可以看出 CND 表面的 N 元素主要由 N—H 组成。可以看出：O 1s 的特征峰以 532 eV 和 530.8 eV 为中心，分别为 C—O 和 C ═ O[86]。同样，CND 的 O 元素主要由 C ═ O 组成。这些结果表明：在合成过程中，N 成功掺杂到 CND 中。

(2) CND 的光学特性

通过稳态荧光光谱和紫外可见光谱分析了 CND 的光学性质，结果表明在 220 nm 处有一个 $n \to \sigma^*$ 跃迁吸收带[87]。碳核共轭结构在 262 nm 处的 $\pi \to \pi^*$ 位移产生了吸收[88]。光谱分析表明：在 551 nm 处存在一个峰，这是表面官能团和 N 原子的掺杂导致 $n \to \pi*$ 的变化所致[76]。当激发波长从 340 nm 改变到 420 nm 时，荧光光谱也向更高的波长移动，CND 的最佳激发波长为 392 nm。

(3) CND 的稳定性

为了验证 CND 的稳定性，进行了以下实验。将 CND 孵育在不同的缓冲液中(pH 值为 5～10)，检测荧光强度的变化趋势，pH 值的变化对 CND 影响不大。为了进一步验证 CND 的稳定性，还测试了离子浓度对 CND 稳定性的影响。荧光强度随着高离子浓度(0～3 M)的变化不大，对 CND 的光稳定性也进行了探讨。连续照射 60 min 后，CND 的荧光强度变化不明显，说明其光稳定性好。

(4) 荧光检测

为了探究 CND 对 Hg^{2+} 的荧光响应，进行了灵敏度、选择性和干扰实验。在灵敏度研究中，将不同浓度的 Hg^{2+}(0～10 μM)滴入同一 CND 溶液中，CND 的荧光强度随着 Hg^{2+} 浓度变化。随着 Hg^{2+} 浓度的增大，CND 在 476 nm 处的荧光发射逐渐减弱。在 0.1～10 μM 范围内得到了令人满意的线性关系，Hg^{2+} 浓度与荧光强度的线性方程式为 $y = 0.361\,8x + 0.831\,4$($R^2 = 0.991\,7$)，荧光法的检测限(LOD)低至 6.8 nM(LOD＝$3\sigma/m$，其中 σ 为空白测量值的标准差，m 为校准曲线的斜率)。

为检测 CND 对 Hg^{2+} 的特异性，在相同条件下以其他常见金属离子(Co^{2+}、Cr^{3+}、Cd^{2+}、Cr^{6+}、Al^{3+}、K^+、Na^+、Ca^{2+}、Pb^{2+}、Zn^{2+}、Mn^{2+}、Cu^{2+}、Ni^{2+}、Mg^{2+}、Fe^{3+})为对照进行检测。此外，对这些金属离子进行了干涉实验。结果表明，大多数干扰离子对 CND 荧光的影响可

以忽略不计。

值得注意的是，Cu^{2+}对Hg^{2+}的检测有一定的干扰，可诱导荧光猝灭。采用GSH进行排斥实验。结果表明：在Hg^{2+}-CND体系中加入GSH后，荧光被打开。而在Cu^{2+}-CND体系中加入GSH后，荧光继续猝灭。根据以往的报道，可能是同型半胱氨酸和还原性GSH反应生成的物质能够形成自由基，具有氧化还原活性，从而加速了CND的猝灭过程[80-90]。

基于Hg^{2+}与生物硫醇之间的强亲和力，在猝灭的Hg^{2+}-CND体系中加入GSH（0～10 μM），发现CND的荧光强度被打开。荧光强度的变化与Hg^{2+}的浓度呈良好的线性关系。线性方程为$y=0.531x+0.784\ 2(R^2=0.987\ 1)$，GSH的检测限为10.9 nM。

为了评价CND对谷胱甘肽的选择性，在相同的条件下添加几种常见的氨基酸。只有含硫醇的化合物能增强Hg^{2+}-CND体系的荧光。虽然半胱氨酸在Hg^{2+}-CND体系中可引起荧光增强，但生物样品中GSH的浓度远高于Cys。因此，Hg^{2+}-CND系统对谷胱甘肽的检测无明显干扰，在实际的生物分析中具有广阔的应用前景。

（5）比色检测

此外，还研究了CND在比色模式下对Hg^{2+}的检测性能。肉眼观察发现：加入Hg^{2+}后CND溶液颜色发生变化，紫色消失。随着Hg^{2+}浓度的增大，CND在555 nm处的吸收峰逐渐减小。在2～20 μM范围内得到了良好的线性关系（$y=0.011\ 7x+0.062\ 3$，$R^2=0.991$），显色限低至0.38 μM。在UV-Vis选择性实验中，Hg^{2+}-CND体系的吸收峰明显低于其他金属离子。Hg^{2+}猝灭了溶液的颜色。我们还考察了GSH在Hg^{2+}-CND体系中的敏感性和选择性。线性方程为$y=0.024\ 5x-0.097\ 9(R^2=0.979)$，LOD=0.56 μM。此外，加入GSH后，溶液的颜色逐渐恢复。Hg^{2+}-CND体系对GSH具有良好的选择性，这一对比也表明GSH与Hg^{2+}形成三硫代和四硫代配合物的倾向高于Cys[91]。

据此推断，猝灭主要是Hg^{2+}与CND的螯合作用导致的，荧光的开启和颜色的返回是由于Hg^{2+}与GSH之间硫醇键的亲和力更强。此外，总结了近年来有关Hg^{2+}和GSH检测的报道（表4-8和表4-9）。可以看出：该探针对Hg^{2+}和GSH具有良好的检测性能。

表4-8　本工作与以往Hg^{2+}检测的分析性能比较

方法	所用材料	浓度范围	检出限	参考文献
比色法	Au-TPDT NRs	0～20 μM	0.3 μM	[92]
比色法	CdSAg QDs	0.1～1.2 mM	124 μM	[93]
荧光分析法	Ag clusters	0.01～5 μM	10 nM	[94]
荧光分析法	S-dots	0～100 nM	65 nM	[95]
荧光分析法和比色法	CND	0～10 μM，0～20 μM	6.8 nM，0.38 μM	本书

表4-9　本工作与以往谷胱甘肽检测的分析性能比较

方法	所用材料	浓度范围	检出限	参考文献
比色法	Ir/NC-TMB	0.05～15 μM	0.5 μM	[96]
比色法	Fe-MoS_2	1～30 μM	0.577 μM	[97]
荧光分析法	L-Hg^{2+}	7～15 μM	0.3 μM	[98]
荧光分析法	CDs-RhB-Hg^{2+}	0～10 μM	20 nM	[99]
荧光分析法和比色法	Hg^{2+}-CND	0～10 μM，0～21 μM	10.9 nM，0.56 μM	本书

(6) 实际水样的测定

将该探针应用于对不同水样的 Hg^{2+} 和 GSH 进行分析，评价其实用性。利用湖水和自来水进行回收实验，探讨 CND 对自然介质中 Hg^{2+} 和 GSH 的检测能力。在检测所有水样前均使用 0.22 μM 的滤膜过滤杂质。分别用荧光法和比色法检测水样中的 Hg^{2+} 和 GSH (表 4-10 和表 4-11)。结果表明：采用荧光法和比色法测定 Hg^{2+} 的回收率分别为 96.0%～104.5%和 95.4%～103.7%，GSH 的回收率分别为 94.8%～104.0%和 95.2%～103.6%。结果表明：CND 对 Hg^{2+} 和谷胱甘肽具有良好的荧光和比色检测能力，为快速、高效检测 Hg^{2+} 和谷胱甘肽提供了一种有前景的方法。

表 4-10　实际水样中 Hg^{2+} 的检测

方法	试样	添加浓度/μM	总方向浓度/μM	回收率/%	RSD(%，n=3)
荧光测定法	湖水 1	2.0	1.92	96.0	1.6
	湖水 2	6.0	6.27	104.5	1.9
	湖水 3	10.0	10.34	103.4	0.8
	自来水 1	2.0	1.95	97.5	2.3
	自来水 2	6.0	5.89	98.2	1.8
	自来水 3	10.0	10.12	101.2	1.2
比色法	湖水 1	5.0	5.13	102.6	0.9
	湖水 2	10.0	9.54	95.4	1.2
	湖水 3	15.0	14.65	97.7	2.0
	自来水 1	5.0	4.93	98.6	1.4
	自来水 2	10.0	10.37	103.7	2.5
	自来水 3	15.0	14.81	98.7	1.6

表 4-11　实际水样中谷胱甘肽的检测

方法	试样	添加浓度/μM	总方向浓度/μM	回收率/%	RSD(%，n=3)
荧光测定法	湖水 1	2.0	2.08	104.0	1.8
	湖水 2	6.0	5.69	94.8	2.1
	湖水 3	10.0	10.28	102.8	0.9
	自来水 1	2.0	1.96	98.0	1.2
	自来水 2	6.0	5.83	97.2	1.5
	自来水 3	10.0	10.27	102.7	0.9
比色法	湖水 1	5.0	4.76	95.2	0.8
	湖水 2	10.0	9.87	98.7	1.3
	湖水 3	15.0	15.33	102.2	2.5
	自来水 1	5.0	4.91	98.2	1.1
	自来水 2	10.0	10.20	102.0	1.7
	自来水 3	15.0	15.54	103.6	2.2

(7) 小结

通过水热法成功地合成了一种新型碳纳米点双模探针,具有良好的上下转换荧光和比色性能。合成的CND具有较高的荧光量子产率($\Phi=50.7\%$)。当CND与Hg^{2+}接触后,荧光颜色和溶液颜色都发生了显著的变化,然后在Hg^{2+}-CND溶液中加入GSH,荧光颜色和溶液颜色也发生了明显的变化,说明该CND可以用于GSH和Hg^{2+}的敏感检测。此外,我们还排除了干扰离子,使探测器更精确。更重要的是,CND在实际水样中保持了其性能,这支持了其在现实环境中应用的可行性。此外,本研究还评估了CND与Hg^{2+}的相互作用机制,成功解释了加入Hg^{2+}和GSH后溶液荧光强度和颜色发生变化的原因。这种具有荧光和比色双模的CND探针为灵敏、准确地检测环境中的物质和在生物学中的应用开辟了一条新的途径。

参考文献

[1] BACON M,BRADLEY S J,NANN T. Graphene quantum dots[J]. Particle & particle systems characterization,2014,31(4):415-428.

[2] LI L S, YAN X. Colloidal graphene quantum dots[J]. The journal of physical chemistry letters,2010,1(17):2572-2576.

[3] KIM S,HWANG S W,KIM M K,et al. Anomalous behaviors of visible luminescence from graphene quantum dots:interplay between size and shape[J]. ACS nano,2012,6(9):8203-8208.

[4] BAKER S,BAKER G. Luminescent carbon nanodots:emergent nanolights[J]. Angewandte chemie international edition,2010,49(38):6726-6744.

[5] QIAO Z N,WANG Y F,GAO Y,et al. Commercially activated carbon as the source for producing multicolor photoluminescent carbon dots by chemical oxidation[J]. Chemical communications,2010,46(46):8812-8814.

[6] LI H T,HE X D,KANG Z H,et al. Water-soluble fluorescent carbon quantum dots and photocatalyst design[J]. Angewandte chemie international edition,2010,49(26):4430-4434.

[7] PENG J,GAO W,GUPTA B K,et al. Graphene quantum dots derived from carbon fibers[J]. Nano letters,2012,12(2):844-849.

[8] XU X Y,RAY R,GU Y L,et al. Electrophoretic analysis and purification of fluorescent single-walled carbon nanotube fragments[J]. Journal of the American chemical society,2004,126(40):12736-12737.

[9] SHINDE D B,PILLAI V K. Electrochemical preparation of luminescent graphene quantum dots from multiwalled carbon nanotubes[J]. Chemistry,2012,18(39):12522-12528.

[10] XIA X L,ZHENG Y. Comment on “one-step and high yield simultaneous preparation of single- and multi-layer graphenequantum dots from CX-72 carbon black”[J]. Journal of materials chemistry,2012,22(40):21776.

[11] LIU H P, YE T, MAO C D. Fluorescent carbon nanoparticles derived from candle soot[J]. Angewandte chemie international edition, 2007, 46(34): 6473-6475.

[12] TAO H Q, YANG K, MA Z, et al. In vivo NIR fluorescence imaging, biodistribution, and toxicology of photoluminescent carbon dots produced from carbon nanotubes and graphite[J]. Small, 2012, 8(2): 281-290.

[13] ZHU S J, ZHANG J H, QIAO C Y, et al. Strongly green-photoluminescent graphenequantum dots for bioimaging applications[J]. Chemical communications, 2011, 47(24): 6858-6860.

[14] ZHU S J, ZHANG J H, LIU X, et al. Graphene quantum dots with controllable surface oxidation, tunable fluorescence and up-conversion emission [J]. RSC advances, 2012, 2(7): 2717-2720.

[15] LU J, YANG J X, WANG J Z, et al. One-pot synthesis of fluorescent carbon nanoribbons, nanoparticles, and graphene by the exfoliation of graphite in ionic liquids [J]. ACS nano, 2009, 3(8): 2367-2375.

[16] ZHENG L Y, CHI Y W, DONG Y Q, et al. Electrochemiluminescence of water-soluble carbon nanocrystals released electrochemically from graphite[J]. Journal of the American chemical society, 2009, 131(13): 4564-4565.

[17] PAN D Y, ZHANG J C, LI Z, et al. Hydrothermal route for cutting graphene sheets into blue-luminescent graphene quantum dots[J]. Advanced materials, 2010, 22(6): 734-738.

[18] LIN L X, ZHANG S W. Creating high yield water soluble luminescent graphene quantum dots via exfoliating and disintegrating carbon nanotubes and graphite flakes [J]. Chemical communications (Cambridge, England), 2012, 48(82): 10177-10179.

[19] SUN Y P, ZHOU B, LIN Y, et al. Quantum-sized carbon dots for bright and colorful photoluminescence[J]. Journal of the American chemical society, 2006, 128(24): 7756-7757.

[20] LEE J, KIM K, PARK W I, et al. Uniform graphene quantum dots patterned from self-assembled silica nanodots[J]. Nano letters, 2012, 12(12): 6078-6083.

[21] ZHOU J G, BOOKER C, LI R Y, et al. An electrochemical avenue to blue luminescent nanocrystals from multiwalled carbon nanotubes (MWCNTs)[J]. Journal of the American chemical society, 2007, 129(4): 744-745.

[22] CAO L, WANG X, MEZIANI M J, et al. Carbon dots for multiphoton bioimaging[J]. Journal of the American chemical society, 2007, 129(37): 11318-11319.

[23] HU S L, NIU K Y, SUN J, et al. One-step synthesis of fluorescent carbon nanoparticles by laser irradiation[J]. Journal of materials chemistry, 2009, 19(4): 484-488.

[24] SUN Y P, WANG X, LU F S, et al. Doped carbon nanoparticles as a new platform for highly photoluminescent dots[J]. The journal of physical chemistry C, nanomaterials and interfaces, 2008, 112(47): 18295-18298.

[25] WANG X,CAO L,LU F S,et al. Photoinduced electron transfers with carbon dots [J]. Chemical communications,2009(25):3774-3776.

[26] YANG S T,CAO L,LUO P G,et al. Carbon dots for optical imaging in vivo[J]. Journal of the American chemical society,2009,131(32):11308-11309.

[27] YANG S T,WANG X,WANG H F,et al. Carbon dots as nontoxic and high-performance fluorescence imaging agents[J]. The journal of physical chemistry C,Nanomaterials and interfaces,2009,113(42):18110-18114.

[28] CASTRO H P S,SOUZA V S,SCHOLTEN J D,et al. Synthesis and characterisation of fluorescent carbon nanodots produced in ionic liquids by laser ablation [J]. Chemistry,2016,22(1):138-143.

[29] ZHU H,WANG X L,LI Y L,et al. Microwave synthesis of fluorescent carbon nanoparticles with electrochemiluminescence properties [J]. Chemical communications, 2009(34):5118-5120.

[30] DONG Y Q, PANG H C, YANG H B, et al. Carbon-based dots Co-doped with nitrogen and sulfur for high quantum yield and excitation-independent emission[J]. Angewandte chemie,2013,125(30):7954-7958.

[31] XIA C,HAI X,CHEN X-W,et al. Simultaneously fabrication of free and solidified N, S-doped graphene quantum dots via a facile solvent-free synthesis route for fluorescent detection[J]. Talanta,2017,168:269-278.

[32] GE J C,JIA Q Y,LIU W M,et al. Red-emissive carbon dots for fluorescent,photoacoustic, and thermal theranostics in living mice [J]. Advanced materials, 2015, 27(28):4169-4177.

[33] ZHENG X T, ANANTHANARAYANAN A, LUO K Q, et al. Glowing graphene quantum dots and carbon dots: properties, syntheses, and biological applications[J]. Small,2015,11(14):1620-1636.

[34] LIU Y, LIU Y N, PARK S J, et al. One-step synthesis of robust nitrogen-doped carbon dots: acid-evoked fluorescence enhancement and their application in Fe^{3+} detection[J]. Journal of materials chemistry,2015,3(34):17747-17754.

[35] GAO X H,LU Y Z,ZHANG R Z,et al. One-pot synthesis of carbon nanodots for fluorescence turn-on detection of Ag^{+} based on the Ag^{+}-induced enhancement of fluorescence[J]. Journal of materials chemistry C,2015,3(10):2302-2309.

[36] YANG Z,XU M H,LIU Y,et al. Nitrogen-doped,carbon-rich,highly photoluminescent carbon dots from ammonium citrate[J]. Nanoscale,2014,6(3):1890-1895.

[37] LI Z, YU H J,BIAN T,et al. Highly luminescent nitrogen-doped carbon quantum dots as effective fluorescent probes for mercuric and iodide ions [J]. Journal of materials chemistry C,2015,3(9):1922-1928.

[38] DING Y J,LING J,CAI J F,et al. A carbon dot-based hybrid fluorescent sensor for detecting free chlorine in water medium [J]. Analytical methods, 2016, 8 (5): 1157-1161.

[39] SIMÕES E F C, LEITÃO J M M, DA SILVA J C G E. Carbon dots prepared from citric acid and urea as fluorescent probes for hypochlorite and peroxynitrite[J]. Microchimica acta, 2016, 183(5): 1769-1777.

[40] HU Y P. Ethanol in aqueous hydrogen peroxide solution: Hydrothermal synthesis of highly photoluminescent carbon dots as multifunctional nanosensors[J]. Carbon, 2015, 93: 999-1007.

[41] LIN Y P, YAO B X, HUANG T T, et al. Selective determination of free dissolved chlorine using nitrogen-doped carbon dots as a fluorescent probe[J]. Microchimica acta, 2016, 183(7): 2221-2227.

[42] XUE M, ZHANG L, ZOU M. Nitrogen and sulfur co-doped carbon dots: a facile and green fluorescence probe for free chlorine[J]. Sensors and actuators b: chemical, 2015, 219: 50-56.

[43] GUO J, LIN Y, HUANG H, et al. One-pot fabrication of fluorescent carbon nitride nanoparticles with high crystallinity as a highly selective and sensitive sensor for free chlorine[J]. Sensors and actuators b: chemical, 2017, 244: 965-971.

[44] SEFIDAN S B, ESKANDARI H, SHAMKHALI A N. Rapid colorimetric flow injection sensing of hypochlorite by functionalized graphene quantum dots[J]. Sensors and actuators b: chemical, 2018, 275: 339-349.

[45] WEI Z N, LI H Q, LIU S B, et al. Carbon dots as fluorescent/colorimetric probes for real-time detection of hypochlorite and ascorbic acid in cells and body fluid[J]. Analytical chemistry, 2019, 91(24): 15477-15483.

[46] SHI L, ZHOU G, XIANG X, et al. Nitrogen-sulfur co-doped pH-insensitive fluorescent carbon dots for high sensitive and selective hypochlorite detection[J]. Spectrochimica acta part a: molecular and biomolecular spectroscopy, 2020, 242: 118721.

[47] GUO J, YE S, LI H, et al. One-pot synthesized nitrogen-fluorine-codoped carbon quantum dots for ClO^- ions detection in water samples[J]. Dyes and pigments, 2020, 175: 108178.

[48] SHEN J H, ZHU Y H, YANG X L, et al. Graphene quantum dots: emergent nanolights for bioimaging, sensors, catalysis and photovoltaic devices[J]. Chemical communications, 2012, 48(31): 3686-3699.

[49] WEI Z N, LI H Q, LIU S B, et al. Carbon dots as fluorescent/colorimetric probes for real-time detection of hypochlorite and ascorbic acid in cells and body fluid[J]. Analytical chemistry, 2019, 91(24): 15477-15483.

[50] LIN Y P, YAO B X, HUANG T T, et al. Selective determination of free dissolved chlorine using nitrogen-doped carbon dots as a fluorescent probe[J]. Microchimica acta, 2016, 183(7): 2221-2227.

[51] ZHANG Q, HU X X, DAI X M, et al. General strategy to achieve color-tunable ratiometric two-photon integrated single semiconducting polymer dot for imaging hypochlorous acid[J]. ACS nano, 2021, 15(8): 13633-13645.

[52] LIU C, NING D H, ZHANG C, et al. Dual-colored carbon dot ratiometric fluorescent test paper based on a specific spectral energy transfer for semiquantitative assay of copper ions[J]. ACS applied materials & interfaces, 2017, 9(22): 18897-18903.

[53] LEI K, SUN M, DU L, et al. Sensitive determination of endogenous hydroxyl radical in live cell by a Bodipy based fluorescent probe[J]. Talanta, 2017, 170: 314-321.

[54] LI X M, ZHANG S L, KULINICH S A, et al. Engineering surface states of carbon dots to achieve controllable luminescence for solid-luminescent composites and sensitive Be^{2+} detection[J]. Scientific reports, 2014, 4: 4976.

[55] DING H, YU S B, WEI J S, et al. Full-color light-emitting carbon dots with a surface-state-controlled luminescence mechanism[J]. ACS nano, 2016, 10(1): 484-491.

[56] ZHANG S, QUAN X, ZHENG J F, et al. Probing the interphase "HO zone" originated by carbon nanotube during catalytic ozonation[J]. Water research, 2017, 122: 86-95.

[57] QU S N, ZHOU D, LI D, et al. Toward efficient orange emissive carbon nanodots through conjugated sp2-domain controlling and surface charges engineering[J]. Advanced materials, 2016, 28(18): 3516-3521.

[58] SEREDYCH M, HULICOVA-JURCAKOVA D, LU G Q, et al. Surface functional groups of carbons and the effects of their chemical character, density and accessibility to ions on electrochemical performance[J]. Carbon, 2008, 46(11): 1475-1488.

[59] KAWANISHI Y, DR K K, TAKAKUSA H, et al. Design and synthesis of intramolecular resonance-energy transfer probes for use in ratiometric measurements in aqueous solution[J]. Angewandte chemie, 2000, 112(19): 3580-3582.

[60] PONS T, MEDINTZ I L, WANG X, et al. Solution-phase single quantum dot fluorescence resonance energy transfer[J]. Journal of the American chemical society, 2006, 128(47): 15324-15331.

[61] LI C Y, ZHANG X B, QIAO L, et al. Naphthalimide-porphyrin hybrid based ratiometric bioimaging probe for Hg^{2+}: well-resolved emission spectra and unique specificity[J]. Analytical chemistry, 2009, 81(24): 9993-10001.

[62] ZHANG X L, XIAO Y, QIAN X H. A ratiometric fluorescent probe based on FRET for imaging Hg^{2+} ions in living cells[J]. Angewandte chemie international edition, 2008, 47(42): 8025-8029.

[63] WU C F, SZYMANSKI C, CAIN Z, et al. Conjugated polymer dots for multiphoton fluorescence imaging[J]. Journal of the American chemical society, 2007, 129(43): 12904-12905.

[64] WU C F, BULL B, CHRISTENSEN K, et al. Ratiometric single-nanoparticle oxygen sensors for biological imaging[J]. Angewandte chemie, 2009, 121(15): 2779-2783.

[65] VAIDYA S V, GILCHRIST M L, MALDARELLI C, et al. Spectral bar coding of polystyrene microbeads using multicolored quantum dots[J]. Analytical chemistry, 2007, 79(22): 8520-8530.

[66] HAN M Y,GAO X H,SU J Z,et al. Quantum-dot-tagged microbeads for multiplexed optical coding of biomolecules[J]. Nature biotechnology,2001,19(7):631-635.

[67] CHAN W C,NIE S. Quantum dot bioconjugates for ultrasensitive nonisotopic detection[J]. Science,1998,281(5385):2016-2018.

[68] BRUCHEZ M J R,MORONNE M,GIN P,et al. Semiconductor nanocrystals as fluorescent biological labels[J]. Science,1998,281(5385):2013-2016.

[69] STÖBER W,FINK A,BOHN E. Controlled growth of monodisperse silica spheres in the micron size range[J]. Journal of colloid and interface science,1968,26(1):62-69.

[70] FANG Q L,GENG J L,LIU B H,et al. Inverted opal fluorescent film chemosensor for the detection of explosive nitroaromatic vapors through fluorescence resonance energy transfer[J]. Chemistry—A European journal,2009,15(43):11507-11514.

[71] GAO D M,WANG Z Y,LIU B H,et al. Resonance energy transfer-amplifying fluorescence quenching at the surface of silica nanoparticles toward ultrasensitive detection of TNT[J]. Analytical chemistry,2008,80(22):8545-8553.

[72] GAO D M,ZHANG Z P,WU M H,et al. A surface functional monomer-directing strategy for highly dense imprinting of TNT at surface of silica nanoparticles[J]. Journal of the American chemical society,2007,129(25):7859-7866.

[73] GENG J L,LIU P,LIU B H,et al. A reversible dual-response fluorescence switch for the detection of multiple analytes[J]. Chemistry,2010,16(12):3720-3727.

[74] TU R Y,LIU B H,WANG Z Y,et al. Amine—capped ZnS-Mn^{2+} nanocrystals for fluorescence detection of trace TNT explosive[J]. Analytical chemistry,2008,80(9):3458-3465.

[75] LIU H Y,YANG G H,ABDEL-HALIM E S,et al. Highly selective and ultrasensitive detection of nitrite based on fluorescent gold nanoclusters[J]. Talanta,2013,104:135-139.

[76] HUMMERS W S,OFFEMAN R E. Preparation of graphitic oxide[J]. Am. Chem. Soc.,1958,80:1339-1339.

[77] TUNG V C,ALLEN M J,YANG Y,et al. High-throughput solution processing of large-scale graphene[J]. Nature nanotechnology,2009,4(1):25-29.

[78] ZHENG J,NICOVICH P R,DICKSON R M. Highly fluorescent noble-metal quantum dots[J]. Annual review of physical chemistry,2007,58:409-431.

[79] ZHAO G X,LI J X,JIANG L,et al. Synthesizing MnO2nanosheets from graphene oxide templates for high performance pseudosupercapacitors[J]. Chem sci,2012,3(2):433-437.

[80] ZHU H J, ZHANG Y J, ZHANG L L, et al, Highly photostable and biocompatible graphene oxides with amino acid functionalities[J]. Mater. Chem. C,2014,2:7126.

[81] LUO Z T, LU Y, SOMERS L A,et al.. High yield preparation of macroscopic graphene oxide membranes[J]. Am. Chem. Soc.,2009,131:898.

[82] ZHU H J,ZHANG W,ZHANG K,et al. Dual-emission of a fluorescent graphene

oxide-quantum dot nanohybrid for sensitive and selective visual sensor applications based on ratiometric fluorescence[J]. Nanotechnology,2012,23(31):315502.

[83] UNNIKRISHNAN B, WEI S C, CHIU W J, et al. Nitrite ion-induced fluorescence quenching of luminescent BSA-Au25nanoclusters: mechanism and application[J]. The analyst,2014,139(9):2221-2228.

[84] HAN J F, ZHANG C, LIU F, et al, Upconversion nanoparticles for ratiometric fluorescence detection of nitrite[J]. Analyst,2014,139:3032.

[85] XUE Z W, WU Z S, HAN S F. A selective fluorogenic sensor for visual detection of nitrite[J]. Analytical methods,2012,4(7):2021.

[86] PU J L, LIU C, WANG B, et al. Orange red-emitting carbon dots for enhanced colorimetric detection of Fe3[J]. The analyst,2021,146(3):1032-1039.

[87] QIAO G X, LIU L, HAO X X, et al. Signal transduction from small particles: Sulfur nanodots featuring mercury sensing, cell entry mechanism and in vitro tracking performance[J]. Chemical engineering journal,2020,382:122907.

[88] WANG C X, JIANG K L, WU Q, et al. Green synthesis of red-emitting carbon nanodots as a novel "turn-on" nanothermometer in living cells[J]. Chemistry,2016, 22(41):14475-14479.

[89] SPEISKY H, GÓMEZ M, CARRASCO-POZO C, et al. Cu(I)-glutathione complex: a potential source of superoxide radicals generation[J]. Bioorganic & medicinal chemistry,2008,16(13):6568-6574.

[90] SPEISKY H, GÓMEZ M, BURGOS-BRAVO F, et al. Generation of superoxide radicals by copper-glutathione complexes: redox-consequences associated with their interaction with reduced glutathione[J]. Bioorganic and medicinal chemistry,2009, 17(5):1803-1810.

[91] MAH V, JALILEHVAND F. Mercury(Ⅱ) complex formation with glutathione in alkaline aqueous solution[J]. Journal of biological inorganic chemistry,2008,13(4): 541-553.

[92] JAYABAL S, SATHIYAMURTHI R, RAMARAJ R. Selective sensing of Hg^{2+} ions by optical and colorimetric methods using gold nanorods embedded in a functionalized silicate sol-gel matrix[J]. Journal of materials chemistry a,2014,2(23):8918-8925.

[93] BUTWONG N, KUNTHADONG P, SOISUNGNOEN P, et al. Silver-doped CdS quantum dots incorporated into chitosan-coated cellulose as a colorimetric paper test stripe for mercury[J]. Microchimica acta,2018,185(2):126.

[94] GUO C L, IRUDAYARAJ J. Fluorescent Ag clusters via a protein-directed approach as a Hg(Ⅱ) ion sensor[J]. Analytical chemistry,2011,83(8):2883-2889.

[95] QIAO G X, LIU L, HAO X X, et al. Signal transduction from small particles: sulfur nanodots featuring mercury sensing, cell entry mechanism and in vitro tracking performance[J]. Chemical engineering journal,2020,382:122907.

[96] HUANG M J, WANG H, HE D P, et al. Ultrafine and monodispersed iridium nanop-

articles supported on nitrogen-functionalized carbon: an efficient oxidase mimic for glutathione colorimetric detection [J]. Chemical communications (Cambridge, England), 2019, 55(25): 3634-3637.

[97] SINGH P, OJHA R P, KUMAR S, et al. Fe-doped MoS2 nanomaterials with amplified peroxidase mimetic activity for the colorimetric detection of glutathione in human serum[J]. Materials chemistry and physics, 2021, 267: 124684.

[98] WANG X B, MA X Y, WEN J H. A novel bimacrocyclic polyamine-based fluorescent probe for sensitive detection of Hg^{2+} and glutathione in human serum[J]. Talanta, 2020, 207: 120311.

[99] LU S M, WU D, LI G L, et al. Carbon dots-based ratiometric nanosensor for highly sensitive and selective detection of mercury (ii) ions and glutathione [J]. RSC advances, 2016, 6(105): 103169-103177.

第5章　发光金属团簇

5.1　引言

大块的金属材料一般具有天然光泽,因其离域电子的自由移动而呈现独特的物理化学性质[1]。在金属材料尺寸足够小的情况下就可以称其为纳米晶体,该种晶体由于其电子的振荡和振荡频率一致的光之间产生相互作用而具有非常强烈的等离子体性质。其中发荧光的一类金属纳米团簇(NCs)直径非常小(接近电子的费米波长),通常只包含多个原子,因其能带结构不连续而产生了离散的能级,通常表现出类分子的性质、独特的量子尺寸效应和荧光对尺寸具有依赖性[2-3]。在一定波长激发光的激发下,金属纳米团簇能够发出可见光到近红外区域的荧光,但不表现出表面等离子体共振吸收的特征峰[4]。人们可以通过设计各种合成方法得到具有斯托克斯位移较大、稳定性强、脂溶性好、电催化和光催化性能优越等优点的金属纳米团簇[5-8]。在金属纳米团簇的各种特性中其荧光性能是最有应用价值的,因为它为设计性能优越的成像染料、光敏剂、传感器、发光器件等提供了途径[9-11]。金属纳米团簇在结构上表现出来的一些特殊性能也使它们在拉曼分析、荧光分析检测、电子器件、生物标记、工业催化、荧光成像和光热治疗等领域都有着极好的应用前景[12]。

荧光检测技术通过将化学信号转变为光学信号的方式实现了不同物质的定性、定量和可视化检测。多年来,荧光分析方法因具有较小的检测限、良好的重复性、便捷易行和较短的响应时间等特点而备受学者的关注,可用于现场检测污染物[13]。为了将荧光传感器应用于实际荧光分析检测中,合成的荧光材料应具备三个特征:① 应具有优异的光学特性;② 对检测物有显著的特异性和敏感性;③ 无毒且适合在生物体内外应用[14]。因此,一些光学材料,包括带发光基团的有机染料和各种荧光纳米材料[如半导体量子点(QDs)和碳量子点等],被不断探索和开发。然而大多数报道的有机分子探针具有宜自氧化、抗光漂白能力弱、pH 值稳定性差、疏水性、激发带窄和发射光谱宽等缺点,这大大降低了其在生物和化学等领域的应用价值[15-17]。半导体量子点也因其具有较强的毒性而不能应用于对生物体细胞内物质的检测[18]。对于碳量子点和氧化石墨烯量子点来说,很多报道的制备方法都需要较复杂且耗时的过程,也需要高温等十分恶劣和严苛的反应条件。但是所得的大部分碳量子点的量子产率都很低,甚至有少数碳量子点要经过较为复杂的处理过程后才能够发出荧光[19-20]。金属纳米团簇一般具有易合成、尺寸小、与生物细胞相容且比较稳定等特点,是很有发展前景的一类探针[21]。

5.2 发光金属纳米团簇种类及合成方法

5.2.1 Au纳米团簇和合成

硫醇包覆的金纳米团簇(金簇)是最早被发现的,也是研究最为广泛的金属簇。金-硫醇化学最先迎来的爆发性研究是在20世纪80年代关于体相金表面的自组装单层硫醇[22]。受到自组装单层硫醇工作的启发,研究人员在20世纪90年代开始探索硫醇纳米粒子的合成和功能化[23]。在早期的研究工作中,发现硫醇-DNA功能化的金纳米粒子表现出出色的稳定性[23],这个发现刺激了其在生物和生物医学应用方面的研究[24]。为了控制纳米粒子的尺寸和单分散性,R. Whetten等[25]报道了多分散金-硫醇纳米粒子的溶剂分离提纯,在1.5~3.5 nm范围内获得了几组不同的组分。尽管Whetten等获得了多种分离后的组分,然而这些组分都没有达到原子水平的单分散性,无法通过晶体学确定其精确结构[26]。尽管如此,早期的工作为该领域打下了合成的基础。最优化的合成超小金纳米团簇的反应条件包括:(1) 使用过量的硫醇(硫醇和金的物质的量比例为3∶1或者更高)以将Au(Ⅲ)转化为Au(Ⅰ)-SR复合物;(2) 使用大量的还原剂(典型的是等效金物质的量的10倍)将Au(Ⅰ)还原为Au(0)。这些可以作为标准的合成条件。当然,也有其他的研究工作指出Au(Ⅰ)中间体也可能是[AuX_2]-(X为卤素),但是反应条件有所不同[27],在上述标准条件下也有水相谷胱甘肽(SG)包覆的金簇被成功合成[28]。Y. Negishi等[29]首次用聚丙烯酰胺凝胶电泳分离了水相Au-SG纳米团簇,并且获得了高纯度的Aun(SG)m,通过质谱的精确测定,到2007年已成功分离表征了不同的金纳米团簇,包括Au15(SG)13、Au18(SG)14、Au22(SG)16、Au22(SG)17、Au25(SG)18、Au29(SG)20、Au33(SG)22和Au39(SG)24。上面早期的合成工作制备了多尺寸混合的纳米团簇,尽管可以用凝胶电泳和高效液相色谱来对其进行分离[30-31],但对于单独尺寸的金簇来说,产率是极其低下的。材料科学家希冀在合成方法上进行了突破。自2007年以来,在相关合成方法上取得了巨大的进展,特别是两种系统性的方法——尺寸聚焦方法和配体交换诱导尺寸/结构转换方法的建立[32-33],使尺寸可控的硫醇配体(SR)包覆的Aun(SR)m纳米团簇得以高产率合成,为晶体学研究提供了物质条件。

下面介绍几种常见的原子精确金纳米团簇的制备方法。

(1) 尺寸聚焦方法

最理想的合成是在一锅反应只得到一个尺寸,Jin研究组发展了一种两步法用于制备原子水平单分散的金簇。该两步法包括两个主要步骤:① 合成有一定尺寸分布的水相谷胱甘肽包覆的$Au_x(SG)_y$混合物;② 将该混合物作为起始原料在两相(水/甲苯)中进行随后的硫醇热刻蚀,其中$Au_x(SG)_y$溶解在水中,一种新的硫醇配体溶解在甲苯中,延长在过量硫醇中热反应的时间会导致金核心的刻蚀,将多分散的$Au_x(SG)_y$粒子转化为有机相高纯度单一尺寸的金簇[30]。该方法产率较之前有较明显提高,金簇的成功合成主要归因于第一步产物的动力学控制和第二步可控的硫醇刻蚀。到2009年,$Au_{25}(SR)_{18}$,$Au_{38}(SR)_{24}$和$Au_{144}(SR)_{60}$已经被高产率地合成出来,系统性的尺寸聚焦方法初步建立[31]。该方法的关键是尺寸聚集之前$Au_x(SR)_y$尺寸范围的控制,太宽的尺寸分布将导致后续得到多种不同尺寸的稳定金簇，而其分离过程是很困难的，最理想的结果是一锅只得到一个尺寸[33]。控制 $Au_x(SR)_y$ 混合物主要是基于动力学控制，其重要的影响因素包括温度、溶剂、还原剂和反应物的比例[34]。第二步的硫醇刻蚀主要是热力学控制过程，但是仍可以对其施加影响，Jin 等指出是热力学和动力学同时操纵着金簇的合成[35]。随后，通过尺寸聚集方法，$Au_{54}(SR)_{32}$，$Au_{99}(SR)_{42}$ 和 $Au_{333}(SR)_{79}$ 等也被成功合成[36-39]。通过大量实例，可以得知尺寸聚焦方法意义非凡，代表着分子纯度原子 $Au_n(SR)_m$ 的精确合成迈出了重要的一步，其过程如图 5-1 所示。

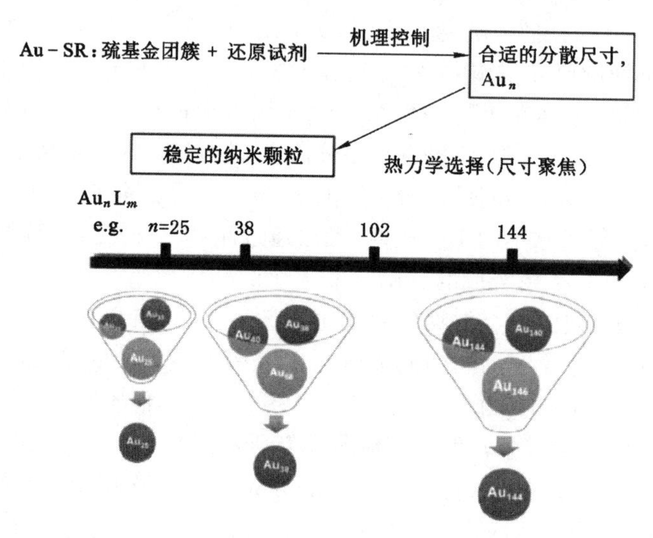

图 5-1　尺寸聚焦方法原理图

(2) 配体交换诱导尺寸/结构转换方法(LEIST)

从一个稳定的尺寸到另一个稳定的尺寸。尺寸聚焦方法为通过配体交换诱导尺寸/结构转换制备新的超小金簇提供了机会[32]。该方法是建立在尺寸聚焦方法基础之上，将一种金簇转换为另一种难以通过尺寸聚焦方法合成的金簇。相较于传统的配体交换，LEIST 需要过量的硫醇来交换，同时需要加热环境来克服尺寸和结构转换的能级壁垒[40-41]。LEIST 是值得关注的，其过程类似于有机化学反应，即从一种类型的分子转换到另一种。这种新方法很大程度上拓展了 $Au_n(SR)_m$ 的种类，为探索稳定的(n,m)组合、结构、性质和应用提供了更多机会。值得注意的是，由 $Au_{25}(SR)_{18}$ 到 $Au_{28}(SR')_{20}$、由 $Au_{38}(SR)_{24}$ 到 $Au_{36}(SR')_{24}$ 和由 $Au_{144}(SR)_{60}$ 到 $Au_{133}(SR')_{52}$ 的转换并不意味着初始金簇不够稳定，热配体交换的发生是 Au38 表面很多配体被 TBBT 置换后金簇活化的结果。在合适的条件下分子可以被活化，这同样适用于 $Au_n(SR)_m$ 纳米团簇。

(3) 一氧化碳还原法

除了上述两种方法以外，Y. Yu 等[42-43]通过使用一氧化碳作为温和的还原剂，以及用氢氧化钠调节硼氢化钠还原性并且增强硫醇刻蚀能力，设计出了一个动力学控制的合成路线，通过缓慢生长合成了尺寸可调节的 $Au_{25}(SR)_{18}$、$Au_{15}(SR)_{13}$ 和 $Au_{18}(SR)_{14}$ 等。

上述原子精确的硫醇包覆的金簇普遍都是通过控制 $Au_x(SR)_y$ 混合物尺寸和还原过程来实现的。然而，在某些特定功能化的金簇合成中，会使用更为复杂的硫醇分子或者生物小分子等作为配体，这部分金簇大多数没能达到原子水平的单分散性，但是其一般表现出出色的荧光等性质，也得到了广泛的关注，并有许多的应用[44-47]。

5.2.2　Ag纳米团簇和合成

目前，常用的Ag纳米团簇合成方法主要分为以下几类。

(1) 硫醇类

由于巯基和金属核(特别是Ag)之间存在较强的亲和力，含巯基的小分子是合成金属纳米材料常用的稳定剂[48]。2004年，B. Adhikari等[49]为还原剂，二氢硫辛酸为模板，通过与硝酸银溶液混合，制备出了最大发射波长为652 nm的具有红色荧光的银纳米团簇。同样以$NaBH_4$为还原剂制备出金属纳米团簇的硫醇类配体，还有甘氨酸[50]、硫醇化α环糊精[51]、谷胱甘肽(GSH)[52]和3-巯基丙酸[53]。但需要注意的是，作为强还原剂的$NaBH_4$具有一定的毒性，这限制了金属纳米团簇的应用范围。为此研究者一直在寻求较温和的替代还原剂。

以硫醇类为配体的条件下，除了通过还原金属离子制备出金属纳米团簇，还可以通过蚀刻金属纳米颗粒的方法制备纳米团簇。2008年M. A. H. Muhammed等[54]利用过量的GSH蚀刻巯基丁二酸修饰的金纳米颗粒成功制备了金纳米团簇。实验发现整个蚀刻过程受pH值控制，当pH值为3时，可得到含有25个Au原子的纳米团簇；当pH值控制在7～8时，通过蚀刻可以得到含有8个Au原子的纳米团簇。最重要的是，他们的研究是第一次关于两种纳米团簇可以通过同一个反应前驱体分别合成的报道。通过界面蚀刻，硫醇保护的银纳米团簇同样可以合成。在水相-有机物相界面，通过蚀刻甲磺酸保护的银纳米颗粒和用聚乙烯亚胺凝胶电泳分离，T. Udaya等[55]分别得到了含有7个和8个Ag原子的纳米团簇。

(2) DNA寡核苷酸

作为合成金属纳米团簇的一种常用模板，DNA被广泛地应用于制备Au、Ag、Cu纳米团簇。由于Ag^+与单链DNA分子中的胞嘧啶之间有很强的亲和力，单链DNA常作为稳定剂来制备银纳米团簇。J. T. Petty等[56]以单链DNA为包裹介质成功制备了银纳米团簇，经质谱分析表明寡核苷酸链的12个碱基与1～4个Ag原子连接构成了银纳米团簇结构。随后的一系列研究又发现碱基和碱基序列在DNA稳定的银纳米团簇的过程中扮演着重要角色[57]。例如，E. G. Gwinn等[58]在2008年通过对特定DNA形成的银纳米团簇分析，指出碱基序列和寡核苷酸链的二级结构都可能影响DNA稳定的银纳米团簇的荧光性质。2007年，T. Vosch等[59]通过对实验的优化改进合成了水溶性和光稳定性好的银纳米团簇，该材料在实验相关时间尺度上(0.1～1 000 ms)的无闪烁可以弥补量子点的光学性质缺陷。

(3) 树状大分子和聚合物

由于树状大分子具有从溶液中螯合出金属离子的能力，其很早就被用作模板制备金属纳米团簇。通过直接光还原方法，J. Zhang等[60]首次以聚酰胺-胺型树状大分子(PAMAM)为模板合成了稳定性良好的水溶性荧光银纳米团簇。随后他们又利用树状大分子制备了量子产率高达42%和发射波长在紫外至近红外范围内可调的金纳米团簇[61-62]。但是需要注意的是，他们使用的方法在制备过程中会产生颗粒较大的纳米颗粒，因而降低了纳米团簇的产率。2007 年，Y. P. Bao 等[63]以抗坏血酸作为还原剂在室温条件下制备出了颗粒较小的金纳米团簇。

含有大量可与 Ag^+ 反应的含羧基聚合物可被用于合成银纳米团簇。J. Zhang 等[64]首次用紫外光辐射 Ag^+ 与聚 N-异丙基丙烯酸-2-羟乙基丙烯酸酯的水凝胶混合液的方法合成了银纳米团簇。L. Shang 等[65]在光还原条件下采用一种更简便经济的方法合成了水溶性荧光银纳米团簇[65]。除了还原法，超声法[66]和微波辅助法[67]也可以用于合成聚甲基丙烯酸(PMAA)稳定的银纳米团簇。

(4) 多肽和蛋白质

生物分子，如多肽和蛋白质，可以作为模板制备稳定性好、生物相容性好和易官能化的金属纳米团簇。J. H. Yu 等[68]在活细胞体内探究了以核仁素为模板合成的银纳米团簇的性质。受此启发，他们进一步设计了一种由含有核仁素中普遍存在的特定氨基酸和数个半胱氨酸基团构成的短肽，这种短肽在磷酸缓冲溶液中与银离子反应可直接形成稳定的荧光银纳米团簇。

酶是一种能够催化特定化学反应的蛋白质，在酶作为前驱体参与的金属纳米团簇的合成过程中，酶的催化性可以保留。使酶的催化性和金属纳米团簇的荧光可以集中到合成的金属纳米团簇上，从而合成多功能荧光纳米传感器。S. S. Narayanan 等[69]利用牛胰α-胰凝乳蛋白作为稳定剂成功合成了银纳米团簇，通过对酶活性的紫外可见吸收光谱的测定，酶与金属纳米团簇结合后，酶的功能性依然完整，该纳米团簇可以作为多功能荧光传感器。

5.2.3 Cu 纳米团簇和合成

利用简单方法合成尺寸较小且具有稳定性能的铜纳米团簇是过渡金属团簇材料研究中一个重要的方向。目前学者们对贵金属纳米材料的研究主要是针对金、银以及合金纳米团簇，对于铜纳米团簇，在合成方面的研究相对较少。采用传统方法合成的铜纳米材料通常具有直径较大、量子产率低和易被氧化的缺点，可控地合成高质量铜纳米团簇极为重要[70]。近年来，各种铜团簇的水溶液合成技术不断发展，其荧光发射具有从蓝色到红色的分布。一般来说，铜纳米团簇是在合适的还原剂和稳定剂存在下铜离子被还原为铜形成的。

为了获得具有优良特性的铜纳米团簇，应考虑以下几个关键因素[71]：(1) 稳定剂配体应与团簇有很强的相互作用；(2) 还原条件应严格。通常应选用强还原性物质作为反应物，此外在材料的合成过程中也可以利用超声波或光照射等辅助条件，目的是提高团簇的合成效率和量子产率；(3) 较长的反应时间对于合成也很重要。考虑到这些因素，已设计出各种可控的方式合成具有支架的稳定铜纳米团簇。用于合成团簇的骨架材料通常具有多个基团，能够通过与铜离子直接键合的作用或者富电子基团向铜离子贡献离域电子的作用大幅度增强团簇的荧光[72]。而且支架也影响团簇的几何形状并提供合适的条件以避免团簇聚集成尺寸更大的纳米颗粒[73]。如果反应时没有稳定剂存在，金属纳米团簇会向着表面能减少的方向进行，相互作用后将不可逆地聚集为纳米颗粒，因此合成金属纳米团簇时稳定剂的选择十分重要[74]。目前常用的金属纳米团簇稳定剂配体主要包括小分子物质、树形大分子、多聚物以及生物分子等[75]。

(1) 树状大分子和多聚物

M. Q. Zhao 等[76]利用以羟基为终端的树状大分子 PAMAM G4(第四代)作为模板和稳定剂,开发了一种制备稳定的铜纳米团簇方法。PAMAM 树状大分子的核心为乙二胺(G4—OH),其中的叔氨基与被硼氢化钠还原的铜离子能够发生作用,最后合成 4～64 个原子大小的团簇。证明通过控制树状大分子的化学结构和大小可以制备不同大小的团簇。

光还原法是一种不使用其他还原剂就能制备纳米材料的便捷、绿色的方法。H. Zhang 等[77]最近通过光还原法合成了铜纳米团簇,该材料是由聚甲基丙烯酸甲酯功能化的一种多聚物(PTMP-PMAA)合成的。概括来说,该方法利用紫外光持续照射包含铜离子和 PTMP-PMAA 的溶液(pH 值为 3.4),在短时间内即可合成一种发红色荧光的团簇。得到的材料大小为(0.7±0.3) nm,在 360 nm 激发下其发射峰位于 630 nm,量子产率为 2.2%。经表征发现溶液中 Cu_5 是主要簇。需要说明的是,采用光还原法制备的团簇的稳定性不好,固体态的铜团簇也不发出荧光,因此需要做大量的工作来提高其性能。该方法同样适用于金团簇和银团簇的合成。

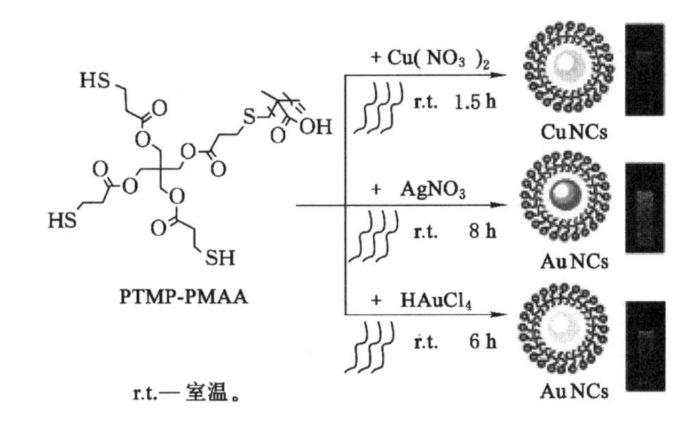

图 5-2　以 PTMP-PMAA 为模板制备三种荧光团簇的方法示意图[77]

(2) DNA 寡核苷酸

众所周知,DNA 寡核苷酸是一种多用途功能性模板,可作为稳定剂应用于不同纳米粒子的合成中。2010 年,A. Rotaru 等[78]首次发现 dsDNA 可以作为在 Cu^{2+} 和抗坏血酸溶液中形成铜纳米团簇的有效模板,但是以 ssDNA 为模板时却不能成功合成团簇。该团簇的发射峰在 587～600 nm 范围内。他们研究发现团簇不同的尺寸和量子产率可以通过调节稳定剂 dsDNA 的链长来实现。此外他们还深入研究了该荧光团簇的形成过程。铜离子与 AA 反应后生成一价铜离子,通过歧化反应最终能够生成铜单质和一价铜离子。形成的零价铜聚集到 dsDNA 上,形成性质稳定的铜团簇。

(3) 蛋白质

蛋白质是合成各种功能性纳米材料的另一种具有不同功能基团的天然模板。N. Goswami 等[79]最近的研究结果表明:商业牛血清蛋白(BSA)可以作为合成 CuNCs 时较为有效的“骨架”材料。另外,BSA 具有一定的还原性,在制备 CuNCs 的过程中氢氧化钠可以促进 BSA 与铜离子之间的氧化还原反应。合成的材料能够发出蓝色的荧光,具有较好的抗氧化性，但是量子产率较低。表征发现形成的团簇以 Cu_5 和 Cu_{13} 为核心。该团簇可以作为检测 Pb^{2+} 的探针，但是其量子产率需要进一步提高。

胰蛋白酶通常产生于猪、羊等一些脊椎动物的消化系统中。W. Wang 等[80]报道了在不使用其他还原剂的情况下一步合成水溶性的以胰蛋白酶为稳定剂的荧光铜纳米团簇的方法，制备的团簇在抗氧化、热稳定性和光稳定性等方面表现出了很高的稳定性。在这项研究中，制备的团簇直径约为 2 nm，可作为一种有效的和可逆的荧光 pH 指示剂。

此外还发现水合肼（$N_2H_4 2H_2O$）可以作为一种温和的还原剂将二价铜还原，在室温下即可制备较高荧光强度的蛋白质包覆的铜纳米团簇[81]。随着研究的快速推进，越来越多的蛋白质被应用于团簇等纳米材料的合成。

（4）多肽

谷胱甘肽（GSH）也是一种可用于合成 CuNCs 的支架材料。利用该材料制备的团簇往往性能优异，且发出的荧光一般是红色的。C. X. Wang 等[82]以 GSH 为还原剂和稳定剂，通过声化学的一锅合成方法制备了铜纳米团簇，如图 5-3 所示。在强烈搅拌下将氢氧化钠加入 5 mL 的谷胱甘肽（20 mM）和硝酸铜（5 mM）混合液中，使溶液 pH 值变为 6.0。把以上溶液放置于超声辐射下 15 min，加入异丙醇后收集析出物，离心处理后重新分散到水中既得到目标产物。所得的团簇直径小[（1.4±0.2）nm]，紫外灯下具有红色荧光。采用该方法制备的团簇具有顺磁性、低毒性和多功能的表面化学特性，用叶酸（FA）修饰后可以作为核磁共振成像的造影剂，为肿瘤细胞的双模研究提供良好的平台。

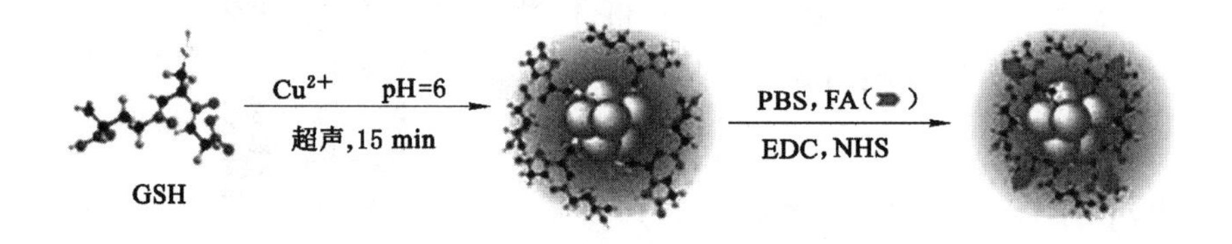

GSH—谷胱甘肽；PBS—磷酸盐缓冲溶液；FA—叶酸；EDC—碳二亚胺；NHS—N-羧基丁二酰亚胺。

图 5-3 利用声化学法合成一种 GSH 包覆的铜纳米团簇示意图[82]

（5）其他

由于硫醇对金属盐有良好的还原性和亲和性，常被用于制备荧光金属纳米团簇[83]。非硫醇小分子也可以通过不同的方法稳定铜纳米团簇材料。微波辐射法是一种由介质损耗引起加热的团簇制备技术，可以通过"体加热"形式使溶液快速升温，均匀的加热可避免晶体生长过大，最终可以得到直径一样的金属纳米团簇[84]。此外，微乳液法也是制备各种纳米材料的常用方法，可以精确控制纳米团簇的大小和形状。微乳液是由水、有机溶剂和表面活性剂混合而成的[85]。将金属盐加入水中后表面活性剂能够很好地控制纳米团簇的生长，加入的还原剂也有助于形成精确尺寸的单分散纳米粒子。电化学方法主要包括电解和电沉积。电解法中，铜纳米团簇可以通过阳极铜的电解生成。采用电沉积法可以在固体电极上制备铜纳米团簇[86]。

5.3　分析体系构建及应用

5.3.1　检测重金属离子

5.3.1.1　金纳米团簇的合成

(1) 金纳米团簇的制备

根据已报道的方法，经过微修饰，合成了绿色荧光 AuNCs[87-88]。通常在 10 mL 超纯水中加入 125 μL 的 1 mol/L NaOH 溶液和 3 μL 的 80%四羟甲基氯化磷（THPC）溶液。搅拌 5 min 后快速加入 125 μL 的 0.1 mol/L $HAuCl_4 3H_2O$ 溶液，溶液颜色由淡黄色变为棕色，表明形成了小的金纳米粒子（AuNPs）。此时加入 50 μL 的 0.1 mol/L GSH 溶液，得到受 GSH 保护的 AuNPs。在室温下搅拌 15 min 后，AuNPs 原液保存在 4 ℃中以备使用。

陈化 1 d 后，10 mL AuNPs 原液与 1.8 mL 的磷酸盐缓冲盐水（PBS，0.1 M）混合 MPA 液体 9.0 μL 和 100 μL。混合溶液在 24 h 内由棕色变为淡黄色，表明形成了荧光 AuNCs。AuNCs 通过离心纯化，并在水中重新分散，以备使用。使用荧光素作为标准品，荧光量子产率估计为 6.8%[89]。

(2) 比率荧光传感器的研制

巯基功能化的红色发射量子点首先通过—SH 和 Au 原子之间的配位反应与 AuNCs 表面结合。在一个典型的过程中，4 mL 绿色发射 AuNCs（λ_{em}=520 nm）的溶液与 2 mL 的 1 mg/mL 的巯基丙基三甲氧基硅烷（MPTS）修饰的二氧化硅纳米颗粒混合，搅拌在 10 mL 的烧瓶中。这种混合物被剧烈搅拌 2 h 后形成纳米杂化。所得探针经离心收集，用超纯水洗涤 3 次，去除多余的化学物质。将最终产物分散于 6 mL 超纯水中。

(3) 铅离子的测量

对于水溶液中 Pb^{2+} 的检测，将 1 mL 合成的比例探针注射到 1.0 mL PBS 中（50 mm，pH 值为 6.0），置于石英分光光度管中。然后分别在探针溶液中加入 5 μL，10 μL、15 μL、20 μL、25 μL、30 μL、40 μL 和 50 μL（10^{-5} mol/L）的铅离子溶液，最终浓度分别为 25 nM、50 nM、75 nM、100 nM、125 nM、150 nM、200 nM 和 250 nM。荧光测量前，在室温下彻底摇匀混合物。荧光光谱在每次加入 30 s 后采集，因为荧光光谱在加入铅离子 10 s 后变得稳定。光谱用荧光分光光度计（LS-55，PerkinElmer）在 390 nm 激发下进行测量。荧光测量在室温和环境条件下进行，并通过 3 个独立的测量获得平均值。在紫外灯（激发波长为 365 nm）下观察其颜色变化。

(4) 选择性和干扰实验

在去离子水（DI）中制备了其他金属离子的溶液，进行选择性实验，而汞离子由于容易水解，在 0.1 mol/L HNO_3 溶液中制备。比率探针对这些金属离子的荧光响应是通过相同的步骤进行的，用于对上面铅离子的检测。合成的比率探针溶液和一系列选定的金属离子（Cd^{2+}、Mg^{2+}、Ni^{2+}、Ca^{2+}、Co^{2+}、Ag^{+}、Cu^{2+}、Ba^{+}、Hg^{2+}、Pb^{2+} 和 Fe^{3+}，100 nM，150 nM）混合于 2.0 mL PBS（25 mM，pH 值为 6.0）中。然后将混合物加入分光光度计石英比色皿，在

390 nm 激发下测量光谱。在干扰研究中，将 150 nM 的 Cd^{2+}、Mg^{2+}、Ni^{2+}、Ca^{2+}、Co^{2+}、Ag^{+}、Cu^{2+}、Ba^{2+}、Hg^{2+}、Fe^{3+} 与 2.0 mL 含合成探针的 PBS (25 mM，pH 值为 6.0)混合，然后测量荧光光谱。然后，在混合物中加入 75 nM Pb^{2+}，并采集其光谱响应。这些溶液的荧光图像在最大输出波长为 365 nm 的紫外灯下拍摄。

(5) 水样分析

水样包括海水、内蒙古地下水、自来水和矿泉水。先用 0.22 μm 微孔普通定性滤膜(国药化学试剂集团有限公司生产)对海水和地下水进行两次过滤，去除固体悬浮物。自来水是从当地的饮用水中提取的，不经过任何预处理直接使用。将添加不同浓度 Pb^{2+} 的水样加入传感系统，测量其荧光光谱。

(6) 比率计 PVA 膜传感器的构建

为了制造 PVA 薄膜传感器，首先将 5 g PVA 悬浮在烧瓶中 100 mL 的水中。然后将混合物在 90 ℃的烤箱中加热，使 PVA 完全溶解。除去多余的不溶性聚乙烯醇后得到透明的水溶液。透明溶液中 PVA 的含量为 4.5%。PVA 溶液室温避光保存备用。

先将纳米杂化探针溶液(1 mL)离心，再将沉淀物溶于 50 μL 的去离子水中。然后将纯化后的探针溶液与 1 mL 的 PVA 透明溶液混合，在室温下剧烈摇动使混合物均匀。玻璃载玻片是最先被冲洗进来的去离子水 10 mL，超声 10 min，去离子水洗涤 3 次后烘干。将 100 μL 的上述探针与 PVA 的混合物轻轻滴在玻片上，转移到烘箱中，在 50 ℃下干燥约 1 h，形成比率计 PVA 膜传感器。

(7) 比率计 PVA 膜传感器对 Pb^{2+} 的现场视觉测量

在直径为 5.5 cm 的培养皿中制备浓度为 10 μM、1 μM 和 0.1 μM(10 mL)的铅溶液。将 PVA 薄膜比率传感器浸入溶液一段时间。在紫外灯下每 1 min 拍摄一次薄膜的荧光照片。用比例探针和 AuNCs 对 PVA 薄膜的光稳定性进行仔细的检测和比较，监测了约 1 h 的荧光光谱。

5.3.1.2 结果与讨论

(1) 绿色发光金纳米团簇的制备

近年来，红色荧光 AuNCs 受到了广泛的关注[90-93]，而绿色荧光 AuNCs 则鲜有报道。在这项工作中，我们采用多步法合成了具有绿色荧光的 AuNCs。首先，在 GSH 存在情况下 Au(Ⅲ)离子还原过程中，合成了非荧光 THPC/GSH 稳定/保护的 AuNPs 或"荧光 off-state"的 AuNCs。然后加入 MPA 配体进行配体交换反应，生成高度绿色荧光的 AuNCs[94,88]。利用 TEM 和 SEM 测量了 AuNCs、红色量子点和二氧化硅纳米粒子的尺寸分别为(2.3±0.2) nm、(3.1±0.2) nm 和(222±3) nm。绿色 AuNCs 在 520 nm 处有一个发光峰，在紫外灯(λ_{ex}=365 nm)下可以清晰地观察到高度绿色的荧光。量子点嵌入的二氧化硅纳米粒子在 620 nm 处荧光最强，并在紫外灯下显示出强烈的红色荧光。紫外灯下，比率探针的荧光光谱和图像与单独的绿色 AuNCs 和红色 QDs 有显著差异。这些结果表明：绿色发射的 AuNCs 成功地共轭到红色量子嵌入的二氧化硅纳米粒子表面，二者在单一激发下都是光致发光的。

(2) 双发射荧光纳米杂化探针的结构及可视检测铅离子的工作原理

红色量子点被硅壳完全包裹，以提高其光学和化学稳定性，防止量子点与外部 Pb^{2+} 直接接触，为比率探针提供可靠的参考信号。二氧化硅纳米颗粒的表面进一步被 MPTS 功能化，末端巯基与绿色 AuNCs 的表面反应[95]。AuNCs 通过与谷胱甘肽中两个羧基和一个氨基的铅离子的亲和力，在 AuNCs 表面充当 Pb^{2+} 的识别位点，导致绿色荧光淬灭，而嵌入二氧化硅纳米颗粒的 QD 的红色荧光对 Pb^{2+} 是惰性的。两种强度比值的微小变化会导致探针的荧光颜色发生明显变化，从而有利于在紫外灯下肉眼对 Pb^{2+} 的检测。此外，还证明了该比率探针可用于构建比率传感器来检测实际水样中的 Pb^{2+}。

(3) pH 值对金纳米团簇荧光的影响

通过在 PBS(25 mM)中监测荧光的稳定性和重现性来优化 pH 值缓冲体系。随着 pH 值的增大，AuNCs 的绿色荧光降低，荧光强度比在 pH 值为 4.0～8.5 范围内变化，导致荧光颜色变化。此外，还研究了铅离子对比率探针在不同 pH 值下的荧光淬灭效率。由于探针本身在极低的 pH 值条件下可被破坏，而在较高的 pH 值条件下金属离子可被水解，因此在 4～8.5 的 pH 值范围内性能最佳。可以清楚地看到：淬灭效率在 pH 值为 6.0 以下增大，随着 pH 值的增大而降低。结果表明：pH 值为 6.0 是检测铅离子的最佳条件。用紫外光在比例探针的 PBS 溶液上闪烁，系统地研究了制备的比例探针的光稳定性。连续照射 10 次，每次照射时间为 2 min，相对荧光强度无明显变化，说明在 PBS 溶液中具有较高的光稳定性。

图 5-4 为 PBS(25 mM，pH＝6.0)中暴露于不同浓度的 Pb^{2+} 后比率探针和纯绿色 AuNCs 的荧光颜色及对应的荧光光谱(λ_{ex} = 390 nm)。Pb^{2+} 浓度从左到右依次为 0、25 nM、50 nM、75 nM、100 nM、150 nM、200 nM 和 250 nM。荧光照片在紫外灯(激发波长为 365 nm)下拍摄。比值荧光法比单波长荧光法颜色变化更明显。

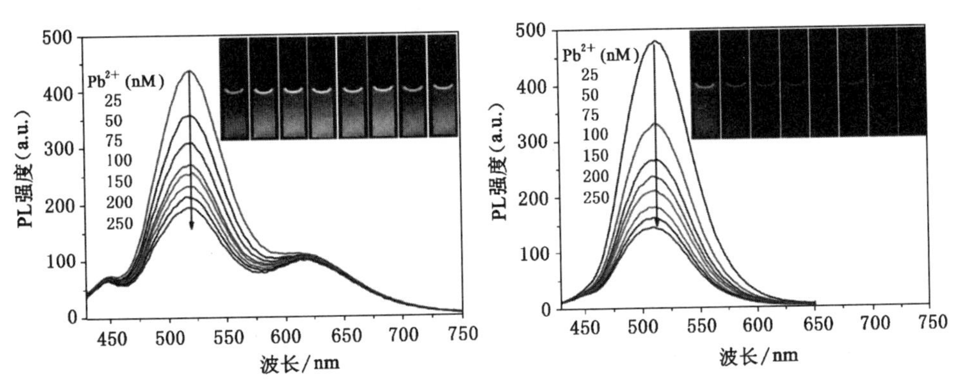

图 5-4　在 PBS(25 mM，pH 值为 6.0)中暴露于不同浓度的 Pb^{2+} 后的比率探针和纯绿色 AuNCs 的荧光颜色及对应的荧光光谱(λ_{ex}＝390 nm)

(4) 金纳米簇对铅(Ⅱ)离子的荧光响应

为了评估比率探针的灵敏度，我们测量了加入不同浓度铅离子后的荧光响应。绿色 AuNCs 在 520 nm 处的荧光逐渐减弱，而红色量子点在 620 nm 处的荧光保持不变。随着 Pb^{2+} 浓度的增大，两种发射波长强度比的变化导致荧光颜色的持续变化。在 520 nm 波长处，即使发射强度略降低，也可以观察到原背景颜色的明显变化，这有利于肉眼对 Pb^{2+} 的视觉检测。随着 Pb^{2+} 浓度的增大，荧光强度比值不断减小，与 2.5×10^{-8}～2.5×10^{-7} m 的 Pb^{2+} 含量密切相关。在整个 Pb^{2+} 浓度范围内，$\lg[1.98(I_{520}/I_{620})_0/(I_{520}/I_{620})]$ 与浓度之间可建立相关关系，计算得到系数为 0.999。根据 3 倍空白信号偏差(3σ)的定义，估计检测限低至 3.5 nM(0.72 ppb)。与单荧光淬灭实验相比,比值荧光探针在目测 Pb^{2+} 方面的优势可以明显体现出来。此外,纯 AuNCs 的荧光颜色变化肉眼很难看到。对比进一步表明,比值荧光探针比单荧光淬灭法更可靠。

研究了 Cd^{2+}、Mg^{2+}、Ni^{2+}、Ca^{2+}、Co^{2+}、Ag^{+}、Cu^{2+}、Ba^{2+}、Hg^{2+}、Fe^{3+} 等不同金属离子对荧光探针选择性的影响。图 5-5 显示了添加不同金属离子后的比值荧光探针的荧光强度变化。可以看到:520 nM 的荧光强度逐渐被分别淬火为 73.4%、63.7%和 59.1%的铅离子,加入铅离子的浓度分别为 50 nM、100 nM 和 150 nM。相比之下,添加其他金属离子不会导致荧光强度比和颜色的任何明显变化,如图 5-6 所示。结果表明:在其他金属离子中,对 Pb^{2+} 的识别具有较高的选择性。此外,我们进一步研究了其他金属离子对 Pb^{2+} 检测的干扰。在探针溶液中加入了 75 nM 的 Pb^{2+} 金属离子(150 nM),然后记录荧光光谱。显然,铅离子检测没有明显的干扰,即使干扰离子的浓度比 Pb^{2+} 的浓度高 2 倍,这些结果表明其他金属离子的共存确实不会干扰 Pb^{2+} 的测量。

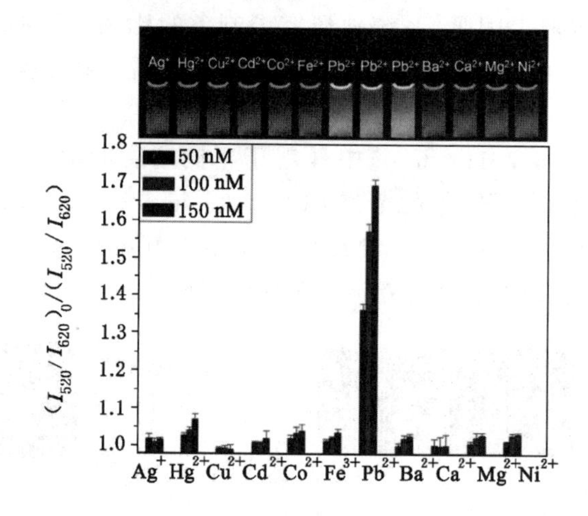

图 5-5 荧光探针溶于 PBS(25 mM,pH 值为 6.0)中,50、100 和 150 nM 浓度的 Pb^{2+} 在其他金属离子(包括 Ag^{+}、Hg^{2+}、Cu^{2+}、Cd^{2+}、Co^{2+}、Fe^{3+}、Ba^{2+}、Ca^{2+}、Mg^{2+} 和 Ni^{2+})存在下的干扰性实验示意图

图 5-5 为在浓度为 50 nM、100 nM 和 150 nM 的 PBS(25 mM,pH 值为 6.0)中,Pb^{2+} 在其他金属离子(包括 Ag^{+}、Hg^{2+}、Cu^{2+}、Cd^{2+}、Co^{2+}、Fe^{3+}、Ba^{2+}、Ca^{2+}、Mg^{2+} 和 Ni^{2+})存在下的干扰性实验,插图显示了紫外线灯下相应的荧光颜色。

(5) 在实际水样中检测铅(Ⅱ)离子

为了进一步评估其在实际水样中的适用性,检测 Pb^{2+} 的比值传感器被应用于检测实际水样中不同数量的 Pb^{2+},包括海水、地下水、自来水和矿泉水。海水和地下水样本首次被过滤,以去除任何固体悬浮,而自来水和矿泉水样本不需要任何预处理而直接检测。在每个实际样本中,有 7 个浓度(25 nM、50 nM、75 nM、100 nM、150 nM、200 nM、250 nM)进行了研究。每种 Pb^{2+} 浓度的水样设置 3 个平行样,其平均标准偏差最终在结果中呈现。实验比较了 Pb^{2+} 在这些水样不同基质中的荧光淬灭效率。可见,在所有的实际水样中,添加 Pb^{2+} 后荧光强度比均增大。此外,海水和地下水中 Pb^{2+} 的探测数据与去离子水相比没有显著差异,表明探测器没有受到严重干扰。在四种样品中加一定量的铅离子进行回收率实验,重复

3次，获得相对标准偏差(RSD)。试验的测量回收率和RSD是令人满意的，如表5-1所示。可见，实际水样在24.9 nM、49.7 nM、243.9 nM浓度时的回收率在统计学上接近100%(95%～112%)，说明比率荧光法对实际水中铅离子的测定效果较好。

表5-1　用比率探针回收海水、地下水、自来水和矿泉水中的铅离子

	海水		
添加 Pb^{2+} 浓度/nM	发现 Pb^{2+} 浓度/nM	恢复率/%	RSD/%
24.9	24.4	98	3.6
49.7	51.3	103.1	3.9
243.9	253.5	103.9	1.3
	矿泉水		
添加 Pb^{2+} 浓度/nM	发现 Pb^{2+} 浓度/nM	恢复率/%	RSD/%
24.9	28	112.4	5
49.7	49.9	100	6.3
243.9	254.5	104.5	2.5
地下水			
添加 Pb^{2+} 浓度/nM	发现 Pb^{2+} 浓度/nM	恢复率/%	RSD/%
24.9	24.5	98.4	3.9
49.7	47.3	95.2	10
243.9	252.5	103.5	0.4
自来水			
添加 Pb^{2+} 浓度/nM	发现 Pb^{2+} 浓度/nM	恢复率/%	RSD/%
24.9	27.2	109.2	9.8
49.7	48.2	97	4
243.9	233.5	95.8	6.5

(6) 基于荧光传感器制备金纳米团簇掺杂PVA薄膜

通过以下步骤将此探头应用于实际传感器的制备。比率荧光探针首先与PVA在水中混合形成透明溶液。将混合溶液滴在载玻片上，然后在50 ℃的烤箱中烘干。比率探针的PVA膜的荧光强度在2 h内保持不变，表明其具有良好的光稳定性。于不同时间将该传感器分别浸入10 μM、1 μM和0.1 μM的目标溶液中，对水样中的Pb^{2+}进行视觉检测，清楚地显示了膜探针荧光颜色与浸泡时间和铅离子浓度的关系。可以看出：4种水样的荧光颜色在11 min时趋于稳定，说明11 min足以反应完全。当Pb^{2+}浓度较高(10 μM)时，荧光颜色由黄绿色迅速转变为红色，且变化更明显。因此，视觉检测限估计为0.1 μM，产生最小的颜色变化，可以很容易被独立的观察者注意到。这些结果证明了该薄膜传感器在Pb^{2+}微量残留视觉检测中的实用性。在50 ℃的烘箱中加热72 h，进一步检测薄膜传感器的稳定性和实用性，发现荧光颜色仍然保持不变。结果表明：该传感器在实际水样分析和水中铅残留现场目测中具有较大的应用潜力。

5.3.2 检测 H_2S 等气体

5.3.2.1 银团簇和二氧化硅包裹的量子点构筑的比率探针对硫化氢的可视化检测

将对硫离子具有专一性响应的银团簇整合到纳米颗粒表面，发展制备一种新的检测硫离子的比率方法。这种探针具有两个发射峰，能够有效避免外界条件的干扰。采用该方法检测水溶液中的硫离子的检测限低至 32 nM，而且研发了检测硫化氢气体的指示瓶，通过指示瓶不同的荧光颜色能够半定量检测硫化氢气体浓度，简单方便，能够用于现场实时检测硫化氢，具有很好的实际应用价值。

(1) 银团簇的制备(AgNCs)

合成方法：首先将 2.5 mL、25 mM 的硝酸银 $AgNO_3$ 溶液逐渐滴加到含 10 mL 的 25 mM 的 GSH 的单口圆底烧瓶中，剧烈搅拌，溶液逐渐浑浊，然后用 1.0 M NaOH 将溶液的 pH 值调至 5，继续搅拌反应 4 h。最后得到的 AgNCs 通过透析袋(MWCO=1.0 kDa)透析 6 h 纯化，放置于 4 ℃冰箱中备用。

(2) CdTe@SiO_2 纳米颗粒和纳米复合比率探针的制备

CdTe@SiO_2 纳米颗粒是根据经典的 Stöber 方法合成制备的[96]。常用合成步骤：5 mL 红色 CdTe 量子点、15 mL 的超纯水、40 mL 的乙醇和 20 μL 的 MPTS 加入 50 mL 的圆底烧瓶中室温下搅拌反应 6 h 。然后 500 μL 的 $NH_3 \cdot H_2O$ 和 500 μL 的 TEOS 加入上述反应液中避光搅拌 12 h，得到 CdTe@SiO_2 纳米颗粒。为进一步在硅壳表面修饰巯基基团，将 15 μL 的 MPTS 加入上述混合液，继续反应 6 h。最后获取的沉淀通过离心，用乙醇和水反复洗涤，以除去未反应的试剂。为了进一步合成比率荧光探针，将 MPTS 修饰的 CdTe@SiO_2 纳米颗粒和 AgNCs 混合搅拌 2 h，通过 S-Ag 共价键构筑双发射的比率探针。

(3) 样品制备及其对探针的荧光响应

一系列不同浓度的 S^{2-} 加入含有纳米探针的溶液中，荧光光谱在 350 nm 波长的光照激发下记录波段范围为 395～700 nm。探针的相对荧光强度比值 I_{446}/I_{626} 对 S^{2-} 的浓度进行作图，得到的线性关系可以用于定量检测 S^{2-} 的浓度。其他阴离子的浓度(F^-，Cl^-，Br^-，I^-，CO_3^{2-}，HPO_4^{2-}，SO_3^{2-}，SO_4^{2-}，$H_2PO_4^-$，HCO_3^-，HSO_3^-)的配制，通过直接溶解它们响应的盐在超纯水中获得，将浓度稀释到 10 mM，备用。然后将 50 μM 的这些阴离子分别加入含有纳米探针的溶液，记录荧光光谱变化，重复 3 次。

5.3.2.2 结果与讨论

(1) 银团簇和纳米复合物探针的特征

在本工作中，采用一锅合成法制备了高质量的 GSH 修饰的 AgNCs 纳米颗粒。GSH 是一个三肽氨基酸，在合成 GSH AgNCs 过程中既作为还原剂又作为稳定剂。通过 TEM 评估 AgNCs 形貌和大小可以看出 AgNCs 能很好地分散在溶液中，聚集不明显，大小为 2 nm 左右。同时也表征了 AgNCs 的荧光光谱，在 350 nm 激发波长下，AgNCs 在 446 nm 处发射很强的蓝光。随后，进一步表征了 GSH 和 AgNCs 的红外光谱 FTIR，从 AgNCs 的 IR 光谱可以看出：S—H 特征伸缩振动 2 524.7 cm^{-1} 消失，暗示着 GSH 成功接到银团簇的表面上[97]。

二氧化硅包裹的碲化镉纳米球 $CdTe@SiO_2$ 也通过 TEM 表征，$CdTe@SiO_2$ 纳米球平均粒径为 55 nm。$CdTe@SiO_2$ 溶液呈现很强的红色荧光。对 $CdTe@SiO_2$ 荧光稳定性进一步研究，每隔 5 min 记录 $CdTe@SiO_2$ 的荧光光谱变化持续 1 h，可以看出 $CdTe@SiO_2$ 的荧光强度没有明显变化，说明其抗荧光漂白能力强，荧光稳定性好。

从纳米复合物探针的 TEM 图可以看出：杂化的探针与二氧化硅颗粒形貌接近，大小也为 55 nm 左右。杂化的比率探针有两个发射峰，分别在 446 nm 和 626 nm 处。在紫外灯的照射激发下，探针呈现紫罗兰色。根据纳米复合探针的结构和纳米复合探针检测硫离子的原理，银团簇作为识别基团，其能够专一与硫离子反应而导致银团簇蓝色荧光被淬灭。同时纳米复合探针的另一部分——硅壳包裹的量子点发射红色荧光，对硫离子无反应，可作为参比信号，具有自我调节的功能，有效避免来自环境因素的干扰。因此，纳米复合探针的两个部分对硫离子差异性的响应导致探针在两个发射峰强度比值 I_{446}/I_{626} 不断变化，进而引起探针颜色从紫罗兰色到红色循序渐进变化。因此，探针的这种性质可以用来可视化检测硫离子。此外，还系统地研究了探针的稳定性，在 1 h 内探针的相对强度比值 I_{446}/I_{626} 没有明显变化，表明探针具有很好的稳定性和良好的抗荧光漂白的能力。

(2) 纳米复合物探针对 H_2S 的动力学响应

首先，研究了纳米复合探针和 H_2S 之间反应的动力学行为，通过记录纳米复合探针荧光强度比值和时间的关系，探针溶液中加入不同浓度的硫离子，在 3 min 内，探针强度比值 I_{446}/I_{626} 急剧下降，在 5 min 之后探针比值 I_{446}/I_{626} 几乎保持不变，说明探针和硫离子的反应需要 5 min 达到平衡，所以后面的实验均在 5 min 进行数据记录，即使探针和硫离子充分反应后再检测硫离子。然后，研究了不同浓度的硫离子与纳米探针强度比值 I_{446}/I_{626} 的线性关系，硫离子浓度范围为 0～3 μM，反应时间为 5 min，线性方程式为 $I_{446}/I_{626}=5.857-1.843[S^{2-}]$，线性相关系数 R^2 为 0.996。根据检测限的定义 LOD＝3×S. D. /k，其中 k 为方程的斜率，S. D. 代表荧光探针在没有 S^{2-} 存在时的标准方差，计算得到采用该方法检测溶液中硫离子的检测限为 32 nM 。

(3) 纳米复合物探针对 H_2S 的敏感性响应

纳米复合物探针的两个发射峰在 446 nm 和 626 nm 处，分别来自蓝色荧光的银团簇和红色荧光的 QDs。银团簇的蓝色荧光被 S^{2-} 逐渐淬灭，这可能因为生成了 Ag_2S 沉淀[97-98]。这可以通过 AgNCs 与 S^{2-} 反应的吸收光谱确认 350 nm 处是 AgNCs 的特征吸收峰，随着硫离子含量的增加，银团簇的特征吸收带逐渐减弱至消失，说明了 AgNCs 与 S^{2-} 发生了反应，从而导致其荧光淬灭。与之不同的是，纳米探针的红色荧光伴随着硫离子的加入，红色的荧光强度保持不变，继而引起探针比率强度比值的变化，所以导致探针颜色从紫罗兰色到红色连续的明显的变化，肉眼很容易识别。相比而言，单发射蓝色荧光的 AgNCs 在硫离子存在的情况下只引起荧光强度的下降，颜色的淬灭，没有颜色的递进变化，裸眼难以识别。因此，比较结果表明：采用内标物的双发射荧光探针能产生更宽的颜色变化，在可视化检测分析物上更占优势且更加可靠。

(4) 纳米复合物探针对 H_2S 的选择性响应

进一步研究了纳米复合探针对 S^{2-} 的反应是否具有特殊专一性，所以其他的相关阴离子包括 F^-，Cl^-，Br^-，I^-，CO_3^{2-}，HPO_4^{2-}，SO_3^{2-}，SO_4^{2-}，H_2PO_4，HCO_3^-，HSO_3^-（浓度为 50 μM)，分别加入相同条件的探针溶液中，纳米复合探针在 446 nm 和 626 nm 处的荧光强

度比值没有明显变化，说明这些阴离子对探针的作用微乎其微，进而表明探针具有很好的选择性。随后，向含有这些阴离子的探针混合液中分别加入 3 μM 的 S^{2-} 离子来研究探针的干扰性，可以看到即使在阴离子共存的条件下，S^{2-} 离子也能明显降低探针的强度比值 I_{446}/I_{626}，说明探针具有很好的抗干扰能力。除此之外，一些活性氧 ROS 和含有巯基的分子也用来考查探针的选择性，包括 NO_3^-，NO_2^-，H_2O_2，HClO，TBHP，GSH 和 Cys，向探针溶液中分别加入含这些离子的溶液 10 μM，探针强度比值没有明显变化，说明该探针对 S^{2-} 的检测具有很好的选择性。

除此之外，探究了这个比率探针体系对 H_2S 气体的选择性，于是选择 SO_2，CO，NO_2，CO_2 和 NH_3 等相关气体研究，这些竞争性的气体没有引起探针的荧光光谱和颜色发生巨大的变化，只有 H_2S 气体引起探针在 446 nm 处荧光强度明显下降，并且伴随着荧光颜色变红色，预示着探针对 H_2S 气体具有好的选择性。

(5) 可视化检测 H_2S 气体

H_2S 气体是磷酸和硫化钠反应生成的，并将其稀释到特定浓度。为了可视化检测 H_2S 气体，将 1.0 mL 的含有不同浓度的 H_2S 气体缓慢注射到 1.5 mL 的探针溶液中，然后将其放置在 365 nm 紫外灯下拍照，探针溶液从紫罗兰色到红色明显变化，这与注射的 H_2S 气体含量密不可分。这种方法可以检测 H_2S 气体最低浓度为 0.1 ppm(图 5-6)。另外，H_2S 气体指示瓶具有方便携带、能够半定量、快速、现场检测 H_2S 气体的功能，在实际应用中具有很大的潜力。

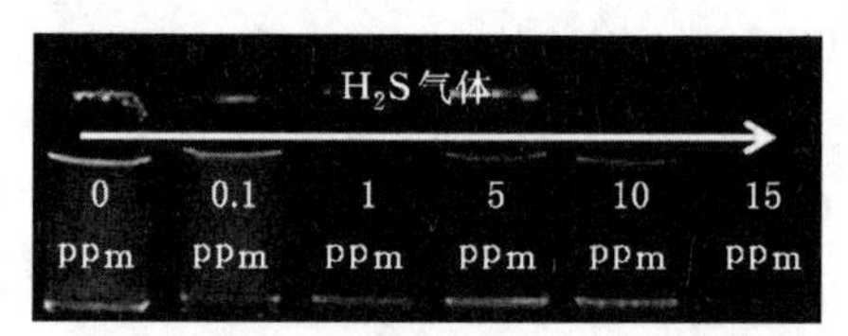

图 5-6　比率探针对各种浓度硫化氢 H_2S 气体的可视化检测

合成了一个新颖的纳米比率探针，通过共价键将 AgNCs 连接到 CdTe@SiO_2 纳米颗粒表面。该探针具有很好的稳定性，在 446 nm 和 626 nm 处有两个发射波长。当暴露在不同浓度的硫离子中，探针颜色会从紫罗兰色变成红色，所以用来可视化检测硫离子，检测限为 32 nM。根据探针的性质，研发了 H_2S 气体指示瓶，能够很方便、可视化检测硫离子。

5.3.3　检测生物自由基

金属纳米团簇(NCs)一般由几个到几百个原子组成，由于其具有类分子的特性和磁性，在过去的几十年内已经引起了人们的广泛关注[99]。NCs 具有较为独特的化学性能和光学性能，包括较强的发光能力。它们通常具有良好的光稳定性、较大的斯托克斯位移和良好的水溶性，是生物学上非常理想的发光探针，可被应用于化学和生物医学等方面的物质检测[100-102]。在以前的工作中学者已经提出了 NCs 可能的发光原理，即荧光来源于金属中心的自由电子跃迁或簇核与表面配体之间的相互作用[103-104]。与银纳米团簇和金纳米团簇相比，CuNCs 因其性能优越、成本低和可调的荧光特性，在物质传感、成像分析和催化应用等方面有着良好的应用潜力[105-107]。虽然 CuNCs 在空气中很容易被氧化，但大量文献报道了稳定性高、超细尺寸的水溶性 CuNCs 的合成方法。最近，R. Rajamanikandan 等[108]利用一种绿色的、简单可行的水相合法合成了一种高量子产率 PVP 包覆的铜纳米团簇探针。该探针不需要高温条件即可合成，具有良好的稳定性且不宜被空气中的氧气氧化。目前，铜纳米团簇在定量检测 HClO 方面应用的研究却很少，例如，N. K. Das 等[109]报道了一种由甲醛、聚乙烯基吡咯烷酮和一水合醋酸铜合成的 CuNCs 探针。该探针可用于对自来水中 HClO 含量的检测，其最低检测限(LOD)为 0.1 μM。

本书以大分子 PVP 为支架材料、AA 为温和无毒的还原剂，通过加入少量的铜离子，成功合成了一种溶于水的、发亮蓝色荧光的铜纳米团簇探针，制备方法简单易行且反应条件不苛刻(室温环境即可)。该铜团簇具有量子产率较高、斯托克斯位移较大、毒性低、对离子强度耐受性好、光稳定性和时间稳定性好、固体发光、水溶性好等优点，为其在生物和环境中的应用奠定了良好的基础。我们发现：次氯酸可以快速氧化铜纳米团簇表面的还原性铜，使得荧光强度显著降低，从而达到探针与次氯酸之间特异且灵敏的响应效果。根据探针荧光发射光谱的实验结果，对次氯酸浓度进行了定量分析。此外，首次发现了过量碘离子的存在可以提高 CuNCs 探针与次氯酸之间的响应，从而起到“增敏”的作用，猜想这是由于碘离子与次氯酸反应后生成的碘化亚铜会使 CuNCs 探针形成表面缺陷，并通过不同的表征手段进行验证。通过选择性试验，发现环境中一些潜在的干扰因素，例如其他活性氧(ROS)、阳离子和阴离子，不影响 CuNCs 材料的荧光发生强度，表明该方法具有良好的选择性。更重要的是，所合成的铜团簇能够作为一种实时、现场检测次氯酸的荧光探针应用于实际的水环境中，例如对自来水中的次氯酸的检测。基于上述原因，我们开发了 CuNCs-次氯酸和 CuNCs-碘离子-次氯酸两种新型检测体系，利用荧光强度的淬灭效果，实现了对环境中次氯酸的定量分析。同时，该种铜团簇低毒性(铜元素含量非常少)为其在生物体内检测次氯酸的应用提供了可能性。

5.3.3.1 荧光探针 CuNCs 的合成

CuNCs 的制备方法是根据文献中所描述的并进行了部分改进而得到的[109]。首先将 1 g 聚合物 PVP 加入烧瓶中，倒入 20 mL 超纯水，超声溶解。为了将溶液的 pH 值调整到 6.0 左右，应加入少量的氢氧化钠溶液(1.0 M)。然后将抗坏血酸(2 mL，100 mM)和五水合硫酸铜(0.2 mL，100 mM)加入上述溶液中并进行超声处理。将以上的混合物放置在摇床中孵育 6 d(保持在 25 ℃以下)。在铜团簇形成后，溶液在太阳光下由无色变为澄清透明的淡黄色，且紫外灯下的生成物具有较强的蓝色荧光。最后将该溶液透析处理(分子截止量为 7 000)，获得相对纯净的 CuNCs，将其放置在冰箱中以备后续使用(保持在 4 ℃以下)。

(1) 制备和检测分析物的方法

超纯水配制的次氯酸溶液和过氧化氢溶液都是现配现用的，浓度是分别根据紫外分光光度计 292 nm($\varepsilon=350\ M^{-1}\cdot cm^{-1}$)与 240 nm($\varepsilon=43.6\ M^{-1}\cdot cm^{-1}$)处的吸光度并按照 Lambert-Beer 方程计算的。超氧阴离子自由基(O_2^-)是直接由超氧化钾配制的。存在叔丁基过氧化氢(TBHP)时，加入二价铁离子可以瞬间生成叔丁基过氧化氢自由基(TBO·)，叔丁基过氧化氢自由基的浓度也与二价铁离子的浓度有关。同样存在 H_2O_2 时，羟基自由基(OH·)是通过加入一定量二价铁离子瞬间生成的，这种方法基于芬顿反应原理且配制好的羟基自由基浓度取决于二价铁离子的浓度。叔丁基过氧化氢和金属离子溶液是在超纯水中直接制备的。测量荧光光谱时首先将 CuNCs 探针分散在 2 mL 磷酸缓冲溶液(50 mm， pH 值为 6.2)中并进行充分搅拌,CuNCs 探针溶液最终的浓度均为 0.4 mg/mL。获得光谱滴定数据时,将激发光波长设置为 340 nm,直接在已配备好的含有探针的缓冲溶液中滴加 NaClO 溶液,每次加入 5 μL,最终浓度范围为 0~8 μM。为了验证该方法的实用性,活性氧(ROS)及其他与环境相关的一些重金属离子和阴离子被用于进行探针的选择性实验。所有的测定实验都是在室温下进行的。

(2) 检测限的计算方法

本书中体系检测 HClO 的检测限(LOD)是根据荧光滴定实验获得的线性拟合关系结果计算出来的。我们配制了 10 组相同浓度的只含有 CuNCs 探针的测试溶液,测量荧光发射峰值,并根据式(5-1)计算出该方法的检测限[110]。

$$\mathrm{LOD}=3\sigma/k \tag{5-1}$$

式中,σ 为 10 次测试中荧光强度值的标准方差;k 为线性拟合标准曲线的斜率。

5.3.3.2 结果与讨论

(1) CuNCs 探针的合成和表征

简而言之,在聚乙烯吡咯烷酮的存在下加入一定量的抗坏血酸和铜离子,并于 25 ℃恒温反应 6 d(pH 值为 6),最终成功制备了一种发蓝色荧光的无机 CuNCs 材料。反应物中的聚乙烯吡咯烷酮是一种较常用的大分子稳定剂,被广泛用作金属纳米粒子,其作用是使反应生成的铜团簇不易被空气氧化。而抗坏血酸是一种较温和且无毒的绿色还原剂,可以将 Cu^{2+} 和聚乙烯吡咯烷酮间形成的配合物还原。CuNCs 的合成是根据以下原理设计的:聚乙烯吡咯烷酮的每个单体中都有一个酰胺基,其中 N 原子轨道上的孤电子对可以与 Cu^{2+} 的空轨道相互作用,形成高浓度区。在还原反应完成后使用分子透析袋对所得产物进行透析处理,以去除未反应的前驱体和小分子副产物,留下的产物是聚乙烯吡咯烷酮包覆的铜团簇。由于反应物中的铜离子含量特别少,生成的产物毒性也非常低;在大分子聚乙烯吡咯烷酮存在的情况下的铜纳米团簇也比其他团簇的稳定性好。在水中制备的 CuNCs 长期呈均匀相,无沉淀出现,因此该材料也具有良好的水溶性。

为了研究和探索铜纳米团簇探针的形貌和光学性质,进行了各种表征和分析。由于材料的尺寸分布是鉴定探针是否适合实际中次氯酸监测的关键因素,先分析了 CuNCs 探针的透射电子显微镜图。通过透射电镜图像可以清楚地看出本实验合成的铜纳米团簇近似球形。对 100 个团簇进行了统计,最终得到该材料的直径分布在 0.96~5.11 nm 范围内。此外,高分辨率透射电镜图像显示铜纳米团簇的晶格条纹平均值约为 2.12 Å,该值与之前文献报道过的铜纳米团簇的(111)面衍射平面晶格十分接近,这说明了 PVP 包覆的铜纳米团簇探针的成功制备[111]。动态光散射图的测量说明了 CuNCs 在水溶液中的尺寸分布。结果表明:该铜纳米团簇的平均水力直径约为 12.9 nm,这可能与 CuNCs 的合成模板分子 PVP 的结构有关。我们还测量了 CuNCs 在水介质中的 zeta 电位为−49.8 mV,主要是由于 CuNCs 表面包覆的稳定剂 PVP 分子带负电荷,而该值越小,说明 CuNCs 越稳定。也就是说,PVP 分子赋予了 CuNCs 探针好的水溶性和较强的稳定性。

为了研究上文所述合成的 CuNCs 荧光探针的表面状态,记录并分析了 CuCNs 与 HClO 反应前后的高分辨率 Cu(2P) X 光电子能谱谱图。CuNCs 自身的 X 光电子能谱谱图中显现出了 932.6 eV 处的 Cu 2p3/2 特征峰和 952.3 eV 处的 Cu 2p1/2 特征峰,该结果说明在 CuNCs 表面存在的是还原价态的铜(一价铜离子或零价铜),而不是二价铜离子。而与

HClO 反应后,Cu 2P 的高分辨率 X 光电子能谱在 943.8 eV 处出现了一个新的峰,我们判断该峰为二价铜离子的特征峰。

CuNCs 具有强烈的蓝色荧光,其水溶液呈明黄色且透明。加入过量的 HClO 之后,溶液变为无色透明且在紫外光照射下无荧光。经冻干处理后的 CuNCs 呈白色粉末状,在紫外灯照射下呈现蓝色荧光。CuNCs 探针的荧光最佳激发波长为 340 nm,最大发射波长为 416 nm,UV-vis 光谱中 CuNCs 于 291 nm 波长处的吸收峰主要是探针 C ═ O 键的 n-π * 跃迁所导致的[112]。而且吸收光谱在 560 nm 处并没有出现 CuNCs 探针所特有的表面等离子体共振峰,这证明了该实验步骤成功合成了纳米级的团簇,而不是合成直径更大的铜颗粒[113]。我们还对团簇的光稳定性进行了评价,经过波长为 340 nm 的激发光连续照射 1 h 后,CuNCs 的荧光强度不发生改变,故该材料具有较强的光稳定性。此外还研究了 CuNCs 的荧光性能,结果表明当激发波长从 300 nm 增大到 400 nm 时,CuNCs 的荧光最大发射光谱随激发波长的变化而变化,说明合成的探针具有激发荧光依赖性。这种性质主要是材料的表面缺陷导致的,这种缺陷使探针可以在捕获激子的同时产生不同的能带隙。

最后,以 0.1 M 硫酸中的硫酸奎宁($Q_R=0.54$)为对照溶液,通过控制溶液紫外吸光度的数值,分别获得了 CuNCs 和硫酸奎宁的荧光积分面积与紫外吸光度之间的线性回归方程为 $Y=893\,981.63X+2\,383.718\,3$ 和 $Y=5\,140\,590X+1\,446.53$,因此 CuNCs 的量子产率 $Q=Q_R(m/m_R)(n_2/n_{R2})=0.54\times(893\,981.63/5\,140\,590)\times1=9.39\%$。为了使再吸收效率降到最低,将所有溶液在 350 nm(硫酸奎宁的最佳激发波长)处的吸光度控制在 0.05 以下。表 5-2 列出了不同稳定剂合成的铜纳米团簇探针的量子产率,通过比较可以看出本实验合成的 CuNCs 具有较高的量子产率和良好的光学性能。

表 5-2 不同稳定剂合成的铜纳米团簇探针的量子产率比较

铜纳米团簇类型	量子产率/%	参考文献
以聚乙烯亚胺为模板的铜纳米团簇	2.1	[114]
以谷胱甘肽为模板的铜纳米团簇	0.45	[115]
以乙二醇为稳定剂的铜纳米团簇	0.65	[116]
季戊四醇四基 3-巯基丙酸功能化聚甲基丙烯酸稳定的铜纳米团簇	2.2	[117]
2-巯基-5-n-丙基嘧啶稳定的铜纳米团簇	3.5	[118]
谷胱甘肽保护的铜纳米团簇	3.5	[119]
牛血清蛋白稳定的铜纳米团簇	4.1	[120]
四丁基硝酸铵稳定的铜纳米团簇	13	[121]
以聚乙烯吡咯烷酮为模板的铜纳米团簇	9.39	本书

(2) CuNCs 探针的性能与响应条件优化

我们考察了时间和离子强度对 CuNCs 探针荧光强度的影响。观察到 CuNCs 可在冰箱 4 ℃冷藏下保存至少 30 d 且荧光强度无明显变化,这说明将聚吡咯烷酮作为骨架的 CuNCs 探针是非常稳定的。同时,根据不同浓度的氯化钠溶液(最大为 50 mM)中 CuNCs 探针的荧光发射强度,探究了 CuNCs 对离子强度的耐受性。可以看出高浓度的氯化钠对 CuNCs 的荧光强度稍微有一点影响。

为了将探针应用于实际的反应体系中，还进行了一系列的实验以评估 CuNCs 探针的性能，也对实验条件进行了优化。磷酸缓冲溶液的浓度和 pH 值是影响 CuNCs 荧光强度以及 CuNCs 与 HClO 反应的重要因素。在 pH 值为 7.4 的条件下，随着磷酸缓冲液的浓度从 20 mM 变化到 120 mM，CuNCs 的荧光强度略有变化但相差不大。当磷酸缓冲液浓度为 100 mM 时，CuNCs 的荧光强度最高。然而与 HClO 反应后，磷酸缓冲液浓度为 50 mM 时，CuNCs 的荧光淬灭程度最大。可以看出：当溶液中的 pH 值从 5.8 变为 7.8 时，CuNCs 的荧光强度相对稳定，但是在加入一定量的 HClO 后，荧光强度的变化程度不同。因此，在 pH 值为 6.2、磷酸缓冲液的浓度为 50 mM 时可以建立一个弱酸性的环境作为进一步探索荧光检测应用的最佳条件。为了了解 CuNCs 探针用于检测水中 HClO 的荧光响应时间，对荧光随时间的变化进一步评估。在加入浓度为 2 μM 的 HClO 后，CuNCs 探针能够瞬间产生明显的荧光淬灭现象，并在大约 1 s 内达到稳定。因此，CuNCs 与 HClO 之间发生的快速反应可以作为现场实时检测的基础。

(3) CuNCs 探针对 HClO 的响应

图 5-7(a)为加入不同浓度的 HClO(0 μM、0.5 μM、1 μM、1.5 μM、2 μM、2.5 μM、3 μM、3.5 μM、4 μM、4.5 μM、5 μM、5.5 μM、6 μM、6.5 μM、7 μM、7.5 μM 和 8 μM)对 CuNCs 探针的荧光强度影响；图 5-7(b)为 F/F_0 与 HClO 浓度的线性关系（磷酸缓冲液浓度为 50 mM，pH 值为 6.2）；图 5-7(c)为在 8 μM I^- 存在时，不同浓度的 HClO(0 μM、0.3 μM、0.6 μM、0.9 μM、1.2 μM、1.5 μM、1.8 μM、2.1 μM、2.4 μM、2.7 μM、3 μM、3.3 μM、3.6 μM 和 3.9 μM)对 CuNCs 探针的荧光强度响应；图 5-7(d)为 F/F_0 与 HClO 浓度的线性关系(磷酸缓冲液浓度为 50 mM，pH 值为 6.2)；F 和 F_0 分别为 CuNCs 探针在存在不同浓度的 HClO 和未存在时的荧光峰值比。

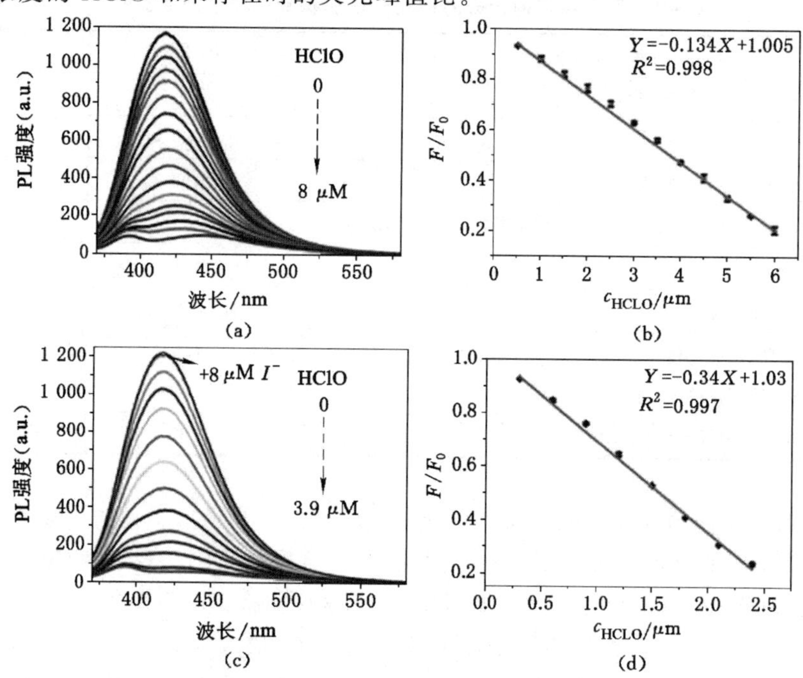

图 5-7　CuNCs 探针对 HClO 检测的光谱响应和线性关系图

之后,在最佳条件下(磷酸缓冲液浓度为50 mM,pH值为6.2)探索了光谱滴定实验中CuNCs测定HClO的灵敏度,分析了检测范围并计算了检测限。如图5-7(a)所示,CuNCs在416 nm处的荧光强度随着次氯酸浓度(0～8 μM)的增大逐渐降低,并且F/F_0(F_0和F代表加入HClO前后的荧光强度)与HClO的浓度之间表现出较好的线性关系[图5-7(b)]。得到了$F/F_0=-0.134c_{HClO}+1.005$的线性回归方程($R^2=0.998$),计算出了CuNCs探针检测HClO的检测限(LOD)为55 nM(3σ)。有趣的是,发现虽然I^-几乎不影响CuNCs本身的荧光强度,但是在与上述条件相同的情况下,过量I^-的存在可以增强HClO对CuNCs探针荧光发射的淬灭效果,从而使得荧光强度大幅度降低[图5-7(c)]。根据图5-8(d),CuNCs-碘离子-次氯酸体系的线性检测范围为0～2.4 μM,得到的线性回归方程为$F/F_0=-0.34c_{HClO}+1.03$($R^2=0.997$),计算出的检测限低至19 μM。结果表明:过量的I^-可以增强CuNCs对溶液中HClO浓度的敏感度,大范围提高了检测方法的检测限。因此,该探针对HClO检测比大多数曾经报道过的无机探针更敏感。

此外,我们还研究了I^-和HClO的不同添加顺序对荧光强度变化的影响。结果表明:只有在HClO之前加入过量的I^-,才能提高CuNCs对HClO的敏感性。在加入HClO后加入I^-,探针的荧光强度并不发生变化。上述过程也可以视为过量碘离子和次氯酸的加入顺序会影响探针的线性范围和检测限,直接在探针溶液中加入HClO会具有较大的线性范围,而在过量碘离子存在时该体系具有较高的灵敏度。具体的原因在后面响应机理部分进行阐述。

(4) CuNCs-次氯酸传感体系的选择性

理想的探针除了应该具有较高的灵敏度,还应在干扰成分存在的情况下有选择性地识别分析物。为了验证CuNCs探针具有在自来水等实际应用中检测HClO的能力,在适当的条件下对探针体系的选择性进行了评估。我们用各种活性氧(H_2O_2,TBPH,·OH,TBO·和$O_2^{\cdot -}$)、环境相关阴离子(HCO_3^-、CO_3^{2-}、Br^-、NO_3^-、NO_2^-等)和重金属阳离子(Hg^{2+}、Pb^{2+}、Ca^{2+}、Cu^{2+}、Ni^+、Zn^{2+}、Mg^{2+}、Cr^{3+}、NH_4^+等)来探究探针的选择性。以上不同物质的存在对CuNCs的荧光强度没有明显的影响。然而,在少量HClO存在下就可以观察到明显的淬灭。此外,在加入HClO前先滴加过量的I^-会使探针的荧光强度急剧下降。结果表明:CuNCs与HClO之间的响应具有较高的特异性,该材料可以作为HClO选择性检测的荧光探针。

(5) HClO与探针之间的响应机理

进一步探讨了CuNCs探针的荧光淬灭机理。之前所报道的用于HClO检测的荧光探针都是基于HClO的强氧化性能开发和设计的[122]。在本研究中,HClO对探针荧光强度的影响也可能是由于HClO氧化了CuNCs表面的还原价态铜。为了证实这一推测,进行了大量的表征并对CuNCs探针与HClO反应前后结果进行比对分析。通过对Cu(2P)HRXPS谱图数据的观察,在结合能约为944 eV处发现了一个新的峰,该峰属于Cu(Ⅱ)的特征峰。此外,加入不同浓度的HClO后,CuNCs的UV-vis光谱在292 nm处的吸收度值呈现逐渐下降的趋势,这也支持了上述有关次氯酸氧化CuNCs探针表面还原价态铜的观点。微量HClO存在时,CuNCs的氧化反应可能与反应式(5-2)有关,根据电化学反应的熵变理论,此化学反应为自发反应。

$$Cu+HClO+H^+ = Cu^{2+}+Cl^-+H_2O \tag{5-2}$$

为了解释在有过量 I^- 存在的情况下 CuNCs 与 HClO 之间响应增强的原因，进行了一些对照实验和分析。首先，从化学角度探讨了过量 I^-、HClO 和 CuNCs 之间的相互作用，其主要作用机理如下：

$$HClO + 2I^- + H^+ \longrightarrow I_2 + Cl^- + H_2O \tag{5-3}$$

$$I_2 + I^- \longrightarrow I_3^- \tag{5-4}$$

$$3I_3^- + 2Cu^+ \longrightarrow 2CuI\downarrow + I^- \tag{5-5}$$

$$I_3^- + Cu^+ \longrightarrow CuI\downarrow + I_2 \tag{5-6}$$

在酸性条件下，加入的 HClO 首先与 I^- 反应，所产生的 I_3^- 可能与 CuNCs 表面的 Cu 原子或者一价铜离子发生反应，形成的 CuI 沉淀直接沉积在 CuNCs 探针的表面，导致其形成缺陷。这些表面缺陷可以显著降低 CuNCs 的荧光强度，使探针检测 HClO 的灵敏度提高。另外，进行了控制实验，发现加入的 HClO 能够直接氧化 CuNCs 的表面铜，从而生成氯离子，所以再加入 I^- 不再影响 CuNCs 的荧光强度。因此，过量的 I^- 和 HClO 的添加顺序会影响探针的线性范围和检测限。为了支持上述反应机制，进行了高分辨率 Cu(2p)XPS 光谱的测量，结果证明了与过量的 I^- 和 HClO 反应后 CuNCs 表面并不存在二价的铜离子。

过量的 I^- 与 HClO 反应后的紫外-可见吸收光谱与 CuNCs 的吸收光谱存在很大一部分的重叠。为了区分过量的 I^-、HClO 与 CuNCs 之间的作用包含内滤效应(IFE)还是荧光共振能量转移过程(FRET)，记录了加入过量 I^- 和 HClO 前后 CuNCs 探针的荧光寿命曲线(图 5-8)。通过三指数函数计算出 CuNCs 探针的平均荧光寿命为 2.8 ns，这主要是由于物质的单线激发态发射，也与文献报道的其他 CuNCs 的荧光寿命相一致[123-124]。加入过量的 I^- 和 HClO 后探针的平均寿命为 2.6 ns，和加之前几乎没有变化。与荧光共振能量转移过程不同的是，内滤效应中分析物不会改变探针的荧光衰减寿命。因此，内滤效应可以看作 HClO 使 CuNCs 荧光淬灭的原因之一，从而过量碘离子的存在可以使 CuNCs 探针与 HClO 之间的荧光响应更明显。

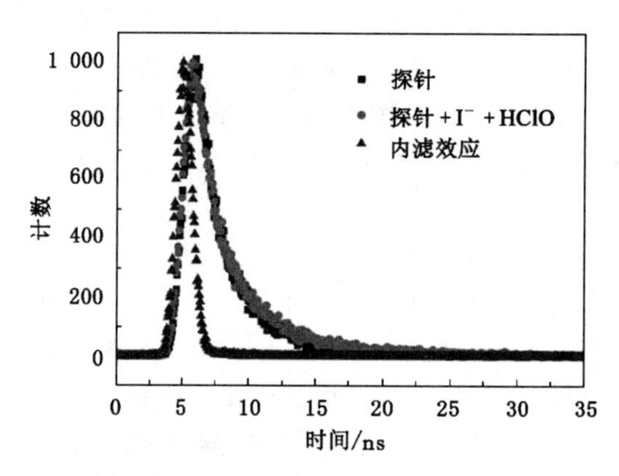

图 5-8　加入过量 I^- 和 HClO 前后的 CuNCs 探针荧光寿命衰减曲线

(6) CuNCs 探针在环境中的应用

为了验证制备的 CuNCs 探针在实际水样中检测 HClO 的适用性，首先对自来水资源进行了不经预处理的新鲜采集，后又通过标准加入得到了较为令人满意的回收试验结果。预先将一定量的自来水加入探针溶液中，但是荧光强度基本保持不变，这说明可以忽略空白样品中 HClO 的含量。然后将用自来水配备的不同浓度的 HClO 样品滴加到 CuNCs 溶液中,根据探针的荧光线性回归方程计算 HClO 的浓度,结果见表 5-3。样品中 HClO 的定量回收率为 99.6～103.8%,相对标准偏差为 1.74～3.9%(n=3)。

表 5-3 利用探针进行自来水中 HClO 的回收试验

HClO 的加入浓度/μM	CuNCs 测得的 HClO 浓度/μM	回收率/%	相对标准偏差(n=3)/%
1	0.996	99.6	1.74
2	1.998	99.9	3.9
3.5	3.515	100.4	2.05
5	5.189	103.8	2.07

还利用 DPD 比色法验证以上方法的准确性。常温下在 7 个 10 mL 的离心管中分别加入不同浓度的碘酸钾标准溶液,之后添加的硫酸和氢氧化钠体积均为 0.1 mL(浓度分别为 1 mol/L 和 2 mol/L),稀释并摇匀。将 0.5 mL 的 DPD 指示液和 pH 值为 6.5 磷酸盐缓冲液与上述 7 个样品分别混合,立即在 UV-vis 上测量它们的吸光度值(波长设置为 510 nm),拟合成直线。因此,本书中合成的荧光探针定量测得的 HClO 浓度与 DPD 比色法测得的浓度一致,由此提出的用于检测自来水环境中 HClO 的方法具有一定的准确性和可靠性,而且该方法可用于对真实样品中 HClO 的定量检测。

在 CuNCs 溶液中加入不同浓度的 HClO 溶液,可以清晰地看出 HClO 浓度增大后 CuNCs 溶液的蓝色荧光是随之变暗的。由于该探针展现出固体发光的优良性质,在布满 CuNCs 探针的滤纸上用蘸有一定浓度 HClO 溶液的毛细管写字,可以清楚看出 HClO 可以使 CuNCs 探针的荧光淬灭,因此可制成一种含有 CuNCs 的试纸,以判断环境中是否存在次氯酸。

参 考 文 献

[1] ZHANG L, WANG E. Metal nanoclusters: new fluorescent probes for sensors and bioimaging[J]. Nano today, 2014, 9(1): 132-157.

[2] NASARUDDIN R R, CHEN T, YAN N, et al. Roles of thiolate ligands in the synthesis, properties and catalytic application of gold nanoclusters[J]. Coordination chemistry reviews, 2018, 368: 60-79.

[3] MUHAMMED M A H, PRADEEP T. Luminescent quantum clusters of gold as bio-labels[M]//Advanced fluorescence reporters in chemistry and biology Ⅱ. Berlin: Springer, 2010: 333-353.

[4] PALMAL S, JANA N R. Gold nanoclusters with enhanced tunable fluorescence as bioimaging probes[J]. Wiley interdisciplinary reviews: nanomedicine and nanobio technology, 2014, 6(1): 102-110.

[5] OH E, HUSTON A L, SHABAEV A, et al. Energy transfer sensitization of luminescent gold nanoclusters: more than just the classical Förster mechanism[J]. Sci-

entific reports,2016,6:35538.

[6] GOVINDARAJU S, ANKIREDDY S R, VISWANATH B, et al. Fluorescent gold nanoclusters for selective detection of dopamine in cerebrospinal fluid[J]. Scientific reports,2017,7:40298.

[7] TAO Y,LI M Q,KIM B,et al. Incorporating gold nanoclusters and target-directed liposomes as a synergistic amplified colorimetric sensor for HER_2-positive breast cancer cell detection[J]. Theranostics,2017,7(4):899-911.

[8] LI H L,ZHU W L,WAN A J,et al. The mechanism and application of the protein-stabilized gold nanocluster sensing system[J]. The analyst,2017,142(4):567-581.

[9] LIU H J,LI M,XIA Y N,et al. A turn-on fluorescent sensor for selective and sensitive detection of alkaline phosphatase activity with gold nanoclusters based on inner filter effect[J]. ACS applied materials & interfaces,2017,9(1):120-126.

[10] HAN G M,JIA Z Z,ZHU Y J,et al. Biostable L-DNA-templated aptamer-silver nanoclusters for cell-type-specific imaging at physiological temperature [J]. Analytical chemistry,2016,88(22):10800-10804.

[11] GAO F P,ZHENG W P,GAO L,et al. Au nanoclusters and photosensitizer dual loaded spatiotemporal controllable liposomal nanocomposites enhance tumor photodynamic therapy effect by inhibiting thioredoxin reductase[J]. Advanced healthcare materials,2017,6(7):1601453.

[12] JIA X F,LI J,WANG E K. Cu nanoclusters with aggregation induced emission enhancement[J]. Small,2013,9(22):3873-3879.

[13] CARTER K P,YOUNG A M,PALMER A E. Fluorescent sensors for measuring metal ions in living systems[J]. Chemical reviews,2014,114(8):4564-4601.

[14] WANG H,LI Y,CHEN Y,et al. Development of a conjugated polymer-based fluorescent probe for selective detection of HOCl[J]. Journal of materials chemistry C, 2015,3(20):5136-5140.

[15] LU Y Z,CHEN W. Sub-nanometre sized metal clusters:from synthetic challenges to the unique property discoveries [J]. Chemical society reviews, 2012, 41 (9): 3594-3623.

[16] ZHONG Y P,ZHU J J,WANG Q P,et al. Copper nanoclusters coated with bovine serum albumin as a regenerable fluorescent probe for copper (Ⅱ) ion [J]. Microchimica acta,2015,182(5):909-915.

[17] ANAND U,GHOSH S,MUKHERJEE S. Toggling between blue- and red-emitting fluorescent silver nanoclusters[J]. The journal of physical chemistry letters,2012, 3(23):3605-3609.

[18] ZHANG L,WANG E. Metal nanoclusters:new fluorescent probes for sensors and bioimaging[J]. Nano today,2014,9(1):132-157.

[19] ZHENG X T,ANANTHANARAYANAN A,LUO K Q,et al. Glowing graphene quantum dots and carbon dots:properties,syntheses,and biological applications[J].

Small,2015,11(14):1620-1636.
[20] ZHAO A,CHEN Z,ZHAO C,et al. Recent advances in bioapplications of C-dots[J]. Carbon,2015,85:309-327.
[21] LI J,ZHU J J,XU K. Fluorescent metal nanoclusters:from synthesis to applications [J]. Trac trends in analytical chemistry,2014,58:90-98.
[22] BAIN C D,TROUGHTON E B,TAO YU tai,et al. Formation of monolayer films by the spontaneous assembly of organic thiols from solution onto gold[J]. Journal of the American chemical society,1989,111(1):321-335.
[23] MIRKIN C A, LETSINGER R L, MUCIC R C, et al. A DNA-based method for rationally assembling nanoparticles into macroscopic materials[J]. Nature, 1996, 382(6592):607-609.
[24] ROSI N L, MIRKIN C A. Nanostructures in biodiagnostics[J]. Chemical reviews, 2005,105(4):1547-1562.
[25] WHETTEN R L,KHOURY J T,ALVAREZ M M,et al. Nanocrystal gold molecules [J]. Advanced materials,1996,8(5):428-433.
[26] SCHAAFF T G, SHAFIGULLIN M N, KHOURY J T, et al. Isolation of smaller nanocrystal Au molecules:robust quantum effects in optical spectra[J]. The journal of physical chemistry B,1997,101(40):7885-7891.
[27] GOULET P J G,LENNOX R B. New insights into Brust-Schiffrin metal nanoparticle synthesis[J]. Journal of the American chemical society,2010,132(28):9582-9584.
[28] SCHAAFF T G, KNIGHT G, SHAFIGULLIN M N, et al. Isolation and selected properties of a 10. 4 kDa gold: glutathione cluster compound[J]. The journal of physical chemistry B,1998,102(52):10643-10646.
[29] NEGISHI Y, NOBUSADA K, TSUKUDA T. Glutathione-protected gold clusters revisited: bridging the gap between gold (I)-thiolate complexes and thiolate-protected gold nanocrystals[J]. Journal of the American chemical society,2005,127 (14):5261-5270.
[30] DONKERS R L,LEE D,MURRAY R W. Synthesis and isolation of the molecule-like cluster Au38(PhCH2CH2S)24[J]. Langmuir,2004,20(5):1945-1952.
[31] JIN R C,QIAN H F,WU Z K,et al. Size focusing:a methodology for synthesizing atomically precise gold nanoclusters[J]. The journal of physical chemistry letters, 2010,1(19):2903-2910.
[32] ZENG C J,CHEN Y X,DAS A,et al. Cheminform abstract:transformation chemistry of gold nanoclusters:from one stable size to another[J]. Cheminform,2015,46(39): 2976-2986.
[33] QIAN H F,ZHU Y,JIN R C. Size-focusing synthesis,optical and electrochemical properties of monodisperse Au38(SC2H4Ph)24 nanoclusters[J]. ACS Nano,2009, 3(11):3795-3803.
[34] ZENG C J,JIN R C. Gold nanoclusters:size-controlled synthesis and crystal struc-

tures[M]//Structure and bonding. Cham: Springer International Publishing, 2014: 87-115.

[35] QIAN H F, LIU C, JIN R C. Controlled growth of molecularly pure $Au_{25}(SR)_{18}$ and $Au_{38}(SR)_{24}$ nanoclusters from the same polydispersed crude product[J]. Science China chemistry, 2012, 55(11): 2359-2365.

[36] ZENG C J, CHEN Y X, LI G, et al. Magic size Au64(S-c-C6H11)32 nanocluster protected by cyclohexanethiolate[J]. Chemistry of materials, 2014, 26(8): 2635-2641.

[37] LI G, ZENG C J, JIN R C. Thermally robust Au99(SPh)42 nanoclusters for chemoselective hydrogenation of nitrobenzaldehyde derivatives in water[J]. Journal of the American chemical society, 2014, 136(9): 3673-3679.

[38] LIU C, LIN J Z, SHI Y W, et al. Efficient synthesis of $Au_{99}(SR)_{42}$ nanoclusters[J]. Nanoscale, 2015, 7(14): 5987-5990.

[39] QIAN H F, ZHU Y, JIN R C. Atomically precise gold nanocrystal molecules with surface plasmon resonance[J]. Proceedings of the national academy of sciences of the united states of America, 2012, 109(3): 696-700.

[40] ZENG C J, QIAN H F, LI T, et al. Total structure and electronic properties of the gold nanocrystal Au36(SR)24[J]. Angewandte chemie, 2012, 124(52): 13291-13295.

[41] NIMMALA P R, DASS A. Au36(SPh)23 nanomolecules[J]. Journal of the American chemical society, 2011, 133(24): 9175-9177.

[42] YU Y, LUO Z T, YU Y, et al. Observation of cluster size growth in CO-directed synthesis of Au25(SR)18 nanoclusters[J]. ACS nano, 2012, 6(9): 7920-7927.

[43] YU Y, CHEN X, YAO Q F, et al. Scalable and precise synthesis of thiolated Au10-12, Au15, Au18, and Au25 nanoclusters via pH controlled CO reduction[J]. Chemistry of materials, 2013, 25(6): 946-952.

[44] YU P, WEN X M, TOH Y R, et al. Fluorescent metallic nanoclusters: electron dynamics, structure, and applications[J]. Particle & particle systems characterization, 2015, 32(2): 142-163.

[45] ZHANG L, WANG E. Metal nanoclusters: new fluorescent probes for sensors and bioimaging[J]. Nano today, 2014, 9(1): 132-157.

[46] YUAN X, DOU X Y, ZHENG K Y, et al. Recent advances in the synthesis and applications of ultrasmall bimetallic nanoclusters[J]. Particle & particle systems characterization, 2015, 32(6): 613-629.

[47] ZHENG J, ZHANG C W, DICKSON R M. Highly fluorescent, water-soluble, size-tunable gold quantum dots[J]. Physical review letters, 2004, 93(7): 077402.

[48] JIN R C. Quantum sized, thiolate-protected gold nanoclusters[J]. Nanoscale, 2010, 2(3): 343-362.

[49] ADHIKARI B, BANERJEE A. Facile synthesis of water-soluble fluorescent silver nanoclusters and HgII sensing[J]. Chemistry of materials, 2010, 22(15): 4364-4371.

[50] HUANG T, MURRAY R W. Visible luminescence of water-soluble monolayer-pro-

tected gold clusters[J]. The journal of physical chemistry b, 2001, 105(50): 12498-12502.

[51] PAAU M C,LO C K,YANG X P,et al. Synthesis of 1.4 nm α-cyclodextrin-protected gold nanoparticles for luminescence sensing of mercury(Ⅱ) with picomolar detection limit[J]. The journal of physical chemistry c,2010,114(38):15995-16003.

[52] LINK S,BEEBY A,FITZGERALD S,et al. Visible to infrared luminescence from a 28-atom gold cluster[J]. The journal of physical chemistry b, 2002, 106(13): 3410-3415.

[53] WANG Z J,CAI W,SUI J H. Blue luminescence emitted from monodisperse thiolate-capped au11 clusters[J]. Chemphyschem,2009,10(12):2012-2015.

[54] MUHAMMED M A H, RAMESH S, SINHA S S, et al. Two distinct fluorescent quantum clusters of gold starting from metallic nanoparticles by pH-dependent ligand etching[J]. Nano research,2008,1(4):333-340.

[55] UDAYA T,BHASKARA RAO T,PRADEEP T. Luminescent Ag7 and Ag8 clusters by interfacial synthesis[J]. Angewandte chemie international edition,2010,49(23): 3925-3929.

[56] PETTY J T,ZHENG J,HUD N V,et al. DNA-templated Ag nanocluster formation [J]. Journal of the American chemical society,2004,126(16):5207-5212.

[57] SHARMA J,YEH H C,YOO H,et al. A complementary palette of fluorescent silver nanoclusters[J]. Chemical communications (Cambridge, England), 2010, 46(19): 3280-3282.

[58] GWINN E G,O'NEILL P,GUERRERO A J,et al. Sequence-dependent fluorescence of DNA-hosted silver nanoclusters[J]. Advanced materials,2008,20(2):279-283.

[59] VOSCH T, ANTOKU Y, HSIANG J C, et al. Strongly emissive individual DNA-encapsulated agnanoclusters as single-molecule fluorophores[J]. Proceedings of the national academy of sciences of the united states of America, 2007, 104(31): 12616-12621.

[60] ZHENG J,DICKSON R M. Individual water-soluble dendrimer-encapsulated silver nanodot fluorescence[J]. Journal of the American chemical society,2002,124(47): 13982-13983.

[61] ZHENG J,PETTY J T,DICKSON R M. High quantum yield blue emission from water-soluble Au8 nanodots[J]. Cheminform,2003,34(41):7780-7781.

[62] ZHENG J, ZHANG C W, DICKSON R M. Highly fluorescent, water-soluble, size-tunable gold quantum dots[J]. Physical review letters,2004,93(7):077402.

[63] BAO Y P,ZHONG C,VU D M,et al. Nanoparticle-free synthesis of fluorescent gold nanoclusters at physiological temperature[J]. The journal of physical chemistry c, 2007,111(33):12194-12198.

[64] ZHANG J,XU S,KUMACHEVA E. Photogeneration of fluorescent silver nanoclusters in polymer microgels[J]. Advanced materials,2005,17(19):2336-2340.

[65] SHANG L,DONG S J. Facile preparation of water-soluble fluorescent silver nanoclusters using a polyelectrolyte template[J]. Chemical communications (Cambridge,England),2008(9):1088-1090.

[66] XU H X,SUSLICK K S. Sonochemical synthesis of highly fluorescent ag nanoclusters[J]. ACS nano,2010,4(6):3209-3214.

[67] LIU S H,LU F,ZHU J J. Highly fluorescent Ag nanoclusters: microwave-assisted green synthesis and Cr^{3+} sensing[J]. Chemical communications (Cambridge,England),2011,47(9):2661-2663.

[68] YU J H,PATEL S,DICKSON R. In Vitro and intracellular production of peptide-encapsulated fluorescent silver nanoclusters[J]. Angewandte chemie international edition,2007,46(12):2028-2030.

[69] NARAYANAN S S,PAL S K. Structural and functional characterization of luminescent Silver-Protein nanobioconjugates[J]. The journal of physical chemistry C,2008,112(13):4874-4879.

[70] Lu Y Z,Wei W T,Chen W. Copper nanoclusters: Synthesis, characterization and properties[J]. Chinese science bulletin,2012,57(1):41-47.

[71] ZHANG L,WANG E. Metal nanoclusters: new fluorescent probes for sensors and bioimaging[J]. Nano today,2014,9(1):132-157.

[72] YAO H,MIKI K,NISHIDA N,et al. Large optical activity of gold nanocluster enantiomers induced by a pair of optically active penicillamines[J]. Journal of the American chemical society,2005,127(44):15536-15543.

[73] DEMCHENKO A P. Advanced fluorescence reporters in chemistry and biology Ⅰ: fundamentals and molecular design[M]. Berlin,Heidelberg:Springer Berlin Heidelberg,2010.

[74] HAIDEKKER M A,THEODORAKIS E A. Ratiometric mechanosensitive fluorescent dyes:design and applications[J]. Journal of materials chemistry c,2016,4(14):2707-2718.

[75] HO J A A,CHANG H C,SU W T. DOPA-mediated reduction allows the facile synthesis of fluorescent gold nanoclusters for use as sensing probes for ferric ions[J]. Analytical chemistry,2012,84(7):3246-3253.

[76] ZHAO M Q,SUN L,CROOKS R M. Preparation of Cu nanoclusters within dendrimer templates[J]. Journal of the American chemical society,1998,120(19):4877-4878.

[77] ZHANG H,HUANG X,LI L,et al. Photoreductive synthesis of water-soluble fluorescent metal nanoclusters[J]. Chemical communications (Cambridge,England),2012,48(4):567-569.

[78] ROTARU A,DUTTA S,JENTZSCH E,et al. Selective dsDNA-templated formation of copper nanoparticles in solution[J]. Angewandte chemie international edition,2010,49(33):5665-5667.

[79] GOSWAMI N, GIRI A, BOOTHARAJU M S, et al. Copper quantum clusters in protein matrix: potential sensor of Pb^{2+} ion[J]. Analytical chemistry, 2011, 83(24): 9676-9680.

[80] WANG W, LENG F, ZHAN L, et al. One-step prepared fluorescent copper nanoclusters for reversible pH-sensing[J]. The analyst, 2014, 139(12): 2990-2993.

[81] WANG C, WANG C X, XU L, et al. Protein-directed synthesis of pH-responsive red fluorescent copper nanoclusters and their applications in cellular imaging and catalysis[J]. Nanoscale, 2014, 6(3): 1775-1781.

[82] WANG C X, CHENG H, SUN Y Q, et al. Rapid sonochemical synthesis of luminescent and paramagnetic copper nanoclusters for bimodal bioimaging [J]. Chemnanomat, 2015, 1(1): 27-31.

[83] YUAN X, LUO Z T, ZHANG Q B, et al. Synthesis of highly fluorescent metal (Ag, Au, Pt, and Cu) nanoclusters by electrostatically induced reversible phase transfer [J]. ACS nano, 2011, 5(11): 8800-8808.

[84] BILECKA I, NIEDERBERGER M. Microwave chemistry for inorganic nanomaterials synthesis[J]. Nanoscale, 2010, 2(8): 1358-1374.

[85] LÓPEZ-QUINTELA M A, TOJO C, BLANCO M C, et al. Microemulsion dynamics and reactions in microemulsions[J]. Current opinion in colloid & interface science, 2004, 9(3/4): 264-278.

[86] VILAR-VIDAL N, BLANCO M C, LÓPEZ-QUINTELA M A, et al. Electrochemical synthesis of very stable photoluminescent copper clusters[J]. The journal of physical chemistry c, 2010, 114(38): 15924-15930.

[87] YUAN Z Q, PENG M H, HE Y, et al. Functionalized fluorescent gold nanodots: synthesis and application for Pb^{2+} sensing [J]. Chemical communications (Cambridge, England), 2011, 47(43): 11981-11983.

[89] HUANG C C, LIAO H Y, SHIANG Y C, et al. Synthesis of wavelength-tunable luminescent gold and gold/silver nanodots[J]. Journal of materials chemistry, 2009, 19(6): 755-759.

[90] BROUWER A M. Standards for photoluminescence quantum yield measurements in solution (IUPAC Technical Report)[J]. Pure and applied chemistry, 2011, 83(12): 2213-2228.

[91] XIE J P, ZHENG Y G, YING J Y. Highly selective and ultrasensitive detection of Hg(2+) based on fluorescence quenching of Au nanoclusters by Hg(2+)-Au(+) interactions[J]. Chemical communications (Cambridge, England), 2010, 46(6): 961-963.

[92] WEI H, WANG Z D, YANG L M, et al. Lysozyme-stabilized gold fluorescent cluster: synthesis and application as Hg(2+) sensor[J]. The analyst, 2010, 135(6): 1406-1410.

[93] DURGADAS C V, SHARMA C P, SREENIVASAN K. Fluorescent gold clusters as

nanosensors for copper ions in live cells[J]. The analyst, 2011, 136(5): 933-940.

[94] SHANG L, BRANDHOLT S, STOCKMAR F, et al. Effect of protein adsorption on the fluorescence of ultrasmall gold nanoclusters[J]. Small, 2014, 10(9): 1667.

[95] HAIDEKKER M A, BRADY T P, LICHLYTER D, et al. A ratiometric fluorescent viscosity sensor[J]. Journal of the American chemical society, 2006, 128(2): 398-399.

[96] STÖBER W, FINK A, BOHN E. Controlled growth of monodisperse silica spheres in the micron size range[J]. Journal of colloid and interface science, 1968, 26(1): 62-69.

[97] ZHOU T Y, RONG M C, CAI Z M, et al. Sonochemical synthesis of highly fluorescent glutathione-stabilized Ag nanoclusters and S^{2-} sensing[J]. Nanoscale, 2012, 4(14): 4103-4106.

[98] CHEN W Y, LAN G Y, CHANG H T. Use of fluorescent DNA-templated gold/silver nanoclusters for the detection of sulfide ions[J]. Analytical chemistry, 2011, 83(24): 9450-9455.

[99] TANG B, YU F B, LI P, et al. A near-infrared neutral pH fluorescent probe for monitoring minor pH changes: imaging in living HepG2 and HL-7702 cells[J]. Journal of the American chemical society, 2009, 131(8): 3016-3023.

[100] SUN M T, YANG X, ZHANG Y N, et al. Rapid and visual detection and quantitation of ethylene released from ripening fruits: the new use of Grubbs catalyst[J]. Journal of agricultural and food chemistry, 2019, 67(1): 507-513.

[101] JIN S, WANG S X, SONG Y B, et al. Crystal structure and optical properties of the [$Ag_{62}S_{12}$(SBu(t)) 32](2+) nanocluster with a complete face-centered cubic kernel [J]. Journal of the American chemical society, 2014, 136(44): 15559-15565.

[102] TAO Y, LI M Q, REN J S, et al. Metal nanoclusters: novel probes for diagnostic and therapeutic applications[J]. Chemical society reviews, 2015, 44(23): 8636-8663.

[103] JOSHI C P, BOOTHARAJU M S, BAKR O M. Tuning properties in silver clusters [J]. The journal of physical chemistry letters, 2015, 6(15): 3023-3035.

[104] HUANG H, LI H, FENG J J, et al. One-pot green synthesis of highly fluorescent glutathione-stabilized copper nanoclusters for Fe3+ sensing [J]. Sensors and actuators b: chemical, 2017, 241: 292-297.

[105] DIMUTHU M WEERAWARDENE K L, AIKENS C M. Theoretical insights into the origin of photoluminescence of Au25(SR)18 (-) nanoparticles[J]. Journal of the American chemical society, 2016, 138(35): 11202-11210.

[106] JIA X F, LI J, WANG E K. Cu nanoclusters with aggregation induced emission enhancement[J]. Small, 2013, 9(22): 3873-3879.

[107] DEMCHENKO A P, BERGAMINI G. Advanced fluorescence reporters in chemistry and biology Ⅱ molecular constructions, polymers, and nanoparticles [M]. Heidelberg: Springer, 2010.

[108] RAJAMANIKANDAN R, ILANCHELIAN M. Fluorescence sensing approach for high specific detection of 2,4,6-trinitrophenol using bright cyan blue color-emittive

poly(vinylpyrrolidone)-supported copper nanoclusters as a fluorophore[J]. ACS Omega,2018,3(12):18251-18257.

[109] DAS N K, GHOSH S, PRIYA A, et al. Luminescent copper nanoclusters as a specific cell-imaging probe and a selective metal ion sensor[J]. The journal of physical chemistry C,2015,119(43):24657-24664.

[110] 邢盼飞. 氰根离子和次氯酸荧光探针的合成及应用[D]. 杨凌:西北农林科技大学,2016.

[111] VILAR-VIDAL N,BLANCO M C,LóPEZ-QUINTELA M A,et al. Electrochemical synthesis of very stable photoluminescent copper clusters[J]. The journal of physical chemistry C,2010,114(38):15924-15930.

[112] LUO Z T, LU Y, SOMERS L A, et al. High yield preparation of macroscopic graphene oxide membranes[J]. Journal of the American chemical society, 2009, 131(3):898-899.

[113] SALZEMANN C, LISIECKI I, BRIOUDE A, et al. Collections of copper nanocrystals characterized by different sizes and shapes: optical response of these nanoobjects[J]. The journal of physical chemistry B,2004,108(35):13242-13248.

[114] FENG J,JU Y,LIU J,et al. Polyethyleneimine-templated copper nanoclusters via ascorbic acid reduction approach as ferric ion sensor[J]. Analytica chimica acta, 2015,854:153-160.

[115] JIA X F,LI J,WANG E K. Cu nanoclusters with aggregation induced emission enhancement[J]. Small,2013,9(22):3873-3879.

[116] KAWASAKI H, KOSAKA Y, MYOUJIN Y, et al. Microwave-assisted polyol synthesis of copper nanocrystals without using additional protective agents[J]. Chemical communications (Cambridge,England),2011,47(27):7740-7742.

[117] ZHANG H,HUANG X,LI L,et al. Photoreductive synthesis of water-soluble fluorescent metal nanoclusters[J]. Chemical communications (Cambridge,England),2012,48(4):567-569.

[118] WEI W T,LU Y Z,CHEN W,et al. One-pot synthesis, photoluminescence, and electrocatalytic properties of subnanometer-sized copper clusters[J]. Journal of the American chemical society,2011,133(7):2060-2063.

[119] YUAN X,LUO Z T,ZHANG Q B,et al. Synthesis of highly fluorescent metal (Ag, Au,Pt,and Cu) nanoclusters by electrostatically induced reversible phase transfer [J]. ACS nano,2011,5(11):8800-8808.

[120] WANG C,WANG C X,XU L,et al. Protein-directed synthesis of pH-responsive red fluorescent copper nanoclusters and their applications in cellular imaging and catalysis[J]. Nanoscale,2014,6(3):1775-1781.

[121] VILAR-VIDAL N,BLANCO M C,LóPEZ-QUINTELA M A,et al. Electrochemical synthesis of very stable photoluminescent copper clusters[J]. The journal of physical chemistry C,2010,114(38):15924-15930.

[122] ZHANG J, WANG X L, YANG X R. Colorimetric determination of hypochlorite with unmodified gold nanoparticles through the oxidation of a stabilizer thiol compound[J]. The analyst, 2012, 137(12): 2806-2812.
[123] JIA X F, YANG X, LI J, et al. Stable Cu nanoclusters: from an aggregation-induced emission mechanism to biosensing and catalytic applications[J]. Chemical communications (Cambridge, England), 2014, 50(2): 237-239.
[124] LIN L P, RONG M C, LU S S, et al. A facile synthesis of highly luminescent nitrogen-doped graphene quantum dots for the detection of 2,4,6-trinitrophenol in aqueous solution[J]. Nanoscale, 2015, 7(5): 1872-1878.

第6章　金属有机框架材料

6.1　引言

荧光传感器作为生化传感器的一个分支，以荧光信号作为信号输出方式，在灵敏度、选择性和实时原位检测方面具有突出的优势。荧光生物成像技术提供了一种在亚细胞水平上可视化细胞和组织实现形态细节观察的方法，是处理和研究细胞和生物体中小的生物活性物质的有力工具[1-2]。将金属-有机骨架（MOFs）作为传感器的一部分，其作为多种分子复合物的构建，也称为多孔配位聚合物，已经在生物成像、存储、催化、药物输送、分离中广泛应用。MOF材料的刚性框架在化学传感方面作出了突出的贡献，具有巨大的潜力。然而，基于MOF的荧光检测测定仍处于初级阶段。最近镧系元素离子和芳香族荧光团的发光淬灭机制的MOF传感器已经被报道，可以看到荧光探测器的发展机遇。

6.2　金属有机框架材料结构与制备

MOFs是一种新型多孔晶态材料，通常由有机配体同含金属离子的次级结构单元通过配位键作用自组装而成的具有开放式孔道的超分子网络状结构。MOFs材料基于其复杂多变的孔道结构，较强的化学稳定性以及优异的光学、电学、磁学性能，引起了研究人员的广泛关注。与其他微纳米多孔材料（介孔硅铝分子筛、碳纳米管材料、沸石类材料）相比，MOFs材料在其孔道可设计方面占有极大的优势，如何通过辅助桥连配体扩展配合物的孔径长度及孔道尺寸；可通过修饰配体或调整配体的取代基使配合物功能化；可通过后处理将孔道中配位的客体分子除去，使其暴露出配位点以嫁接客体分子。此外，MOFs材料自身特有的拓扑结构、金属离子复杂的配位环境以及框架结构与客体分子之间相互作用，使得MOFs材料成为潜在的化学传感器。

从晶体结构分析，MOFs材料根据不同金属中心和有机桥连配体的特性可以形成许多不同的结构。各种金属中心具有各自不同的配位模式，如过渡族金属Zn(Ⅱ)、Cu(Ⅱ)、Cd(Ⅱ)、Co(Ⅱ)等二价金属离子倾向于采取八面体状的六配位模式，而稀土金属Ln(Ⅲ)的配位数则比较高，一般具有八配位或者九配位的模式。同时，不同有机配体的配位基团和几何形状也有区别，如有机羧酸配体和有机吡啶类配体的配位模式不同。另外，如线性羧酸配体倾向于线性桥连金属或者金属簇，而V字形羧酸配体则倾向于和金属中心形成笼状多孔网络结构[3-5]。迄今为止，MOFs所发展出来的结构极为繁多，研究人员从中总结出几种典型的MOFs原型结构的构建单元（secondary building units，SBU），通过这些原型结构的SBU可以进一步设计出许多新的衍生结构。

(1) $Zn_4O(O_2CR)_6$ 型 SBU

最著名的 SBU 是八面体构型的 Zn4O(O2CR)6，也记作 Zn4O(L)6，其中 L 是线型的二羧酸配体，原型 MOF-5 的羧酸配体采用了对苯二甲酸，如图 6-1 所示。MOF-5 的朗缪尔比表面积高达 2 900 m^2/g，计算出的孔洞体积高达 0.61 cm^3/g，而晶体密度只有 0.59 g/cm^3，是迄今为止报道的晶态材料中最轻的晶体[6]。同时其热稳定性达到 400 ℃。

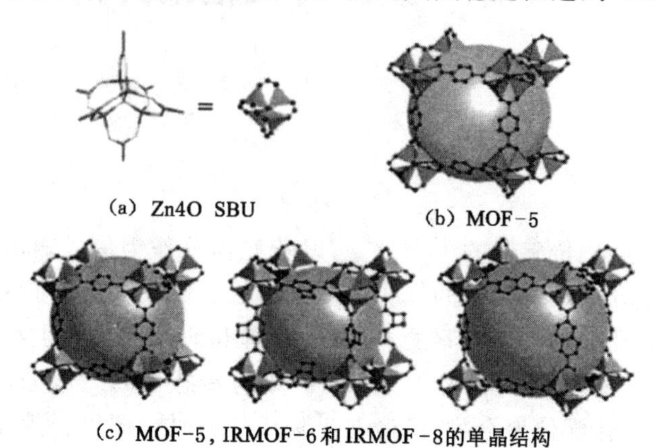

图 6-1　几种 MOF 材料的单晶结构图

此后，Yaghi 研究小组在 MOF-5 的结构基础上，通过对桥连的羧酸配体对苯二甲酸进行官能团修饰和线型配体长度的拓展，合成了一系列具有不同孔径尺寸的 IRMOF (isoreticular metal-organic framework)[7]。IRMOF 的晶体密度只有 0.21～0.41 g/cm^3，其中最具代表性的 MOF-177 朗缪尔比表面积高达 4 500 m^2/g，孔洞尺寸可达 28.8 Å。这个数值比迄今为止所报道的任何一种多孔材料都要高，比孔洞率最大的无机沸石晶体高约 5 倍。

(2) $Cu_2(O_2CR)_4$ 桨轮状 SBU

该 SBU 和三齿的 1,3,5-均苯三甲酸形成著名的 MOF 结构(HKUST-1:$[Cu_3(TMA)_2(H_2O)_3]_n$)[8]，该 MOF 拥有中性的骨架和大尺寸的孔洞。BET 的比表面积为 692.2 m^2/g，朗缪尔比表面积为 917.6 m^2/g，孔洞体积为 0.333 cm^3/g。桨轮状 SBU 的特点：当采用热活化等方法去除配位于双核金属铜离子轴向的溶剂分子后，铜离子形成开放金属位，这个功能位是气体吸附性能应用中重要的功能位点。

随后，B. Chen 等通过拓展 HKUST-1 的原型配体，如采用增加原型配体的长度及将三羧酸进行多枝化增加至六羧酸、八羧酸等方法，制备了一系列具有更大比表面积和孔洞尺寸的衍生结构[9-19]。

X. Lin 等[20]等创新性地采用四齿配体和桨轮状进行配位形成著名的诺丁汉系列结构，通过选择和合成具有不同长度的四齿桥连配体，Nott 的孔洞尺寸不断增大，形成了从 Nott-100 一直到 Nott-109 等一系列的晶体结构。

同时，B. L. Chen 等[21-25]通过在桨轮状 SBU 的轴向配位联吡啶作为轴向配体，由 HKUST-1 的原型 MOF 又拓展出 MOF-508 系列的三维微孔结构，同时可以通过选择不同长度的联吡啶类轴向配体，可控调节 MOFs 的孔洞尺寸。

UTSA-20 的构成单元如图 6-2 所示。

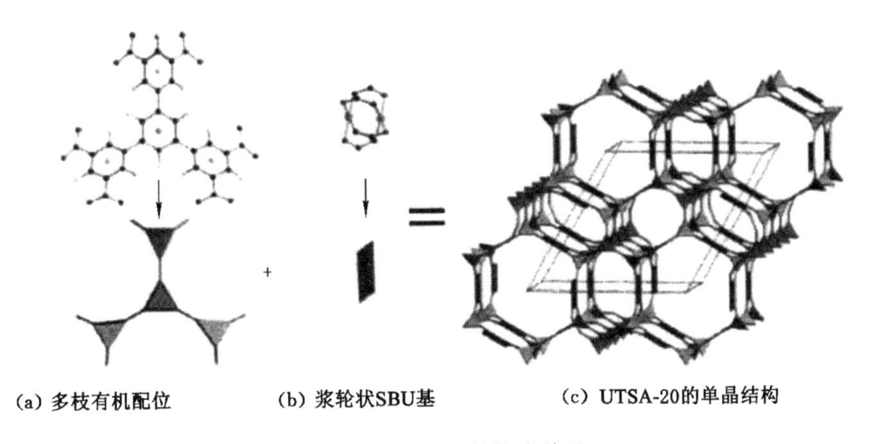

(a) 多枝有机配位　(b) 浆轮状SBU基　(c) UTSA-20的单晶结构

图 6-2　UTSA-20 的构成单元

(3) ZIF 沸石型结构

2007 年 H. Hayashi 等[26]报道了沸石型 MOF 结构(zeolite limdazolate framework,简称 ZIF),其晶体结构如图 6-3 所示。该研究小组采用 Zn(Ⅱ)离子和含氮杂环的咪唑类或嘌呤类有机配体反应制备了一系列 ZIF 晶体,这种晶体结构的特点:金属离子采取四配位,同时 T-Im-T 配位的键角是 145°,这和沸石(Al)SiO_2 中 Si—O—Si 的键角一样,因此 ZIF 的晶体结构具有和沸石一致的 SOD 型拓扑结构。奇妙的是,这种有趣的 ZIF 型 MOF 的化学和热稳定性也趋于与沸石晶体类似,不仅具有高的化学稳定性,还具有高的热稳定性(可以高达 600 ℃)。

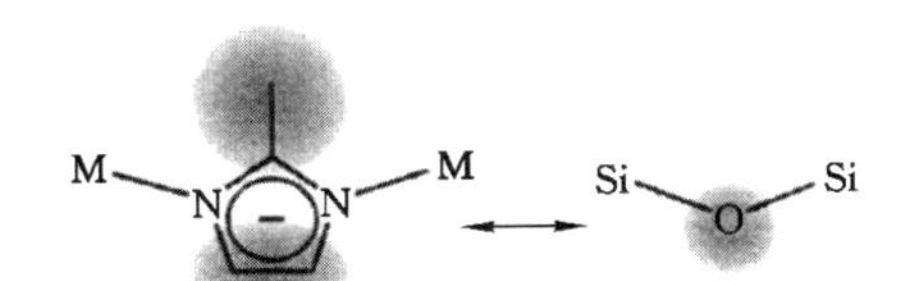

(a) 咪唑类有机配体的配位模式和沸石晶体的相似性

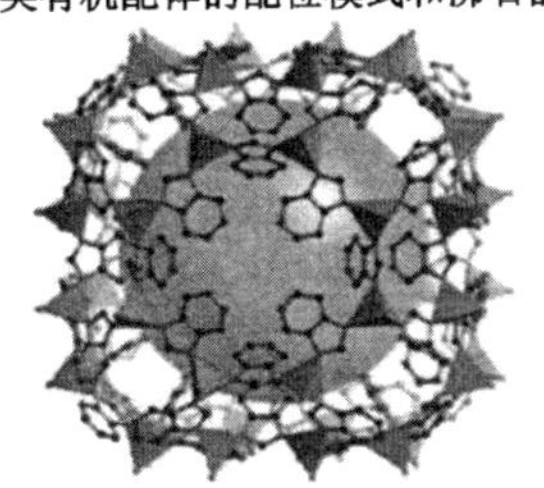

(b) ZIF的单晶结构

图 6-3　ZIF 晶体结构

MOFs 材料使用易溶盐作为金属成分的来源,例如金属硝酸盐或乙酸盐。而有机成分主要是吡啶类或羧酸类有机物,溶剂通常为一种胺(三乙胺)、酰胺(N,N-2 甲基甲酰胺)、乙腈、乙醇、蒸馏水等。这些无机和有机成分在搅拌下组合后,金属有机框架材料在温度从室温到 200 ℃范围内的溶剂热条件下通过自组装形成。下面列举几种合成方法。

① 水热或溶剂热法。

在水和有机溶剂存在的情况下,通过加热不锈钢高压反应釜(聚四氟乙烯为内衬)中不易溶解的原料混合物，使其溶解反应，然后在高温高压条件下反应生成晶体，是反应时间较短且能得到高质量的单晶的最有效方法。

水热(溶剂热)法[27-28]通常是将金属盐、有机胺、去离子水、乙醇和甲醇等溶剂混合后放入密封容器，加热到一定的温度，在高温高压条件下反应(图 6-4)。这种方法合成时间较短，解决了前躯体不溶解的问题。该方法具有设备简单、晶体生长完美等优点，是近年来研究的热点。其不足之处是难以了解反应过程，尽管现在有人设计出特殊的反应器来观测反应过程、研究反应机理，但是该方面的研究才刚刚开始，还需要一定时间和经验积累，有待于进一步突破。

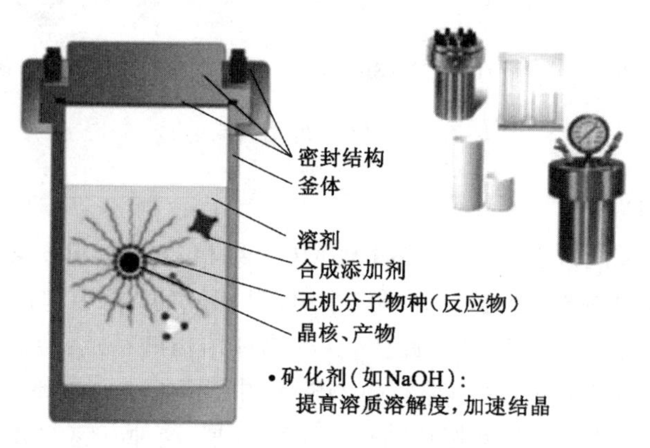

图 6-4　溶剂热法/水热法反应

② 微波法。

磁电管形成微波达到快速加热原料混合物的目的，而且不加热空气和容器[29]。这种加热允许使用加压后溶剂沸腾点以上的温度。该方法反应时间短，能快速结晶成核生成没有副产物的高产量的理想产品，且产品易分离出来。

③ 液相扩散法。

封闭的大玻璃瓶中装有小玻璃瓶，且小玻璃瓶中装有一定的比例混合的有机配体、无机金属源和溶剂。静置一段时间后获得较纯且品质较高的晶体。但该方法比较浪费时间，且要求反应物有较好的溶解性。

④ 离子液体法。

离子液体通常是具有高极性的有机溶剂，在室温或者接近室温时以液体形式存在，而且只含有离子[30]。离子液体的溶解性强，反应蒸汽压低，热稳定性高，在水热合成法适用的领域几乎都能适用。近年来，人们逐渐开始关注离子液体在 MOFs 合成中的应用。

⑤ 超声化学合成法。

最近 W. J. Son 等[31]应用超声化学合成法由硝酸锌的水溶液和对苯二甲氨酸合成了 MOF-5。与传统的溶剂热合成法相比，超声化学合成法能均匀成核并且缩短了结晶时间。例如在 1-甲基-2-吡咯烷酮中采用超声化学合成法得到的 MOF-5 晶体与采用传统溶剂热法得到的 MOF-5 相比具有更好的物理化学性质。相似的，运用超声化学合成法得到了更高品质的 MOF-177，$Zn4O\text{-}(BTB)_2$，而且合成时间从 48 h 降到了 0.5 h，晶体尺寸降到了 5～20 μm。另外，MOFs 的产率显著提高到 95.6%，而且 CO_2 的吸附能力也变强了。

除以上几种合成方法以外，还有溶胶-凝胶法、搅拌合成法、固相合成法、热扩散法和后处理法等。

6.3　金属有机框架材料的荧光调控

通常光致发光材料中的发光方式多种多样，依据发光弛豫时间可分为由最低激发态振动能级到基态间跃迁而产生的荧光[32-33]和由激发态的三重态最低能级到基态跃迁产生的磷光两大类[34-35]。尽管传统的荧光材料可分为无机发光材料和有机发光材料，此类材料已在日常生活中广泛应用，但由于其加工方法所固有的缺陷和荧光较弱等缺点限制了其在化学传感实验中的应用。而作为一类新颖的无机-有机杂化发光材料，荧光金属有机框架材料(light-MOFs，LMOFs)因兼具两种特性赋予了其卓越的发光性能，自2002年首次报道以来如雨后春笋般出现在人们的视野中[36-37]。

MOF材料的发光来源可分为基于配体发光、电荷转移发光、客体诱导发光等[38-39]。

(1) 基于配体发光：在MOF材料中有大量的π-π共轭的有机配体，当配体受能量激发后，电子得到能量跃迁至高能态，当电子从最低激发态回到基态时所放出的能量即有机配体发出的荧光，对应于π-π^*或n-π^*的跃迁。此外参与配位的金属离子或金属簇的半径及性能，配体与金属的不同桥连模式，都会影响配合物的发光性能。

(2) 电荷转移发光：电荷转移发光是常见的发光方式，电荷通常产生于分子内部，即电子由给体转移到受体的过程。常见的在配合物中电荷转移可分为金属离子到配体的电子跃迁(MLCT)和配体到金属离子的电子跃迁(LMCT)。

(3) 基于MOF孔道结构的多样性及孔隙率较大的特点，MOFs材料可作为载体用于装载荧光材料，常见的有镧系金属离子和荧光染料试剂等，当掺杂上述荧光材料后，在适当的激发波长下MOFs材料会展示出区别于自身特有的荧光性质。

基于MOFs材料结构多样性、孔道可调和荧光性能优异等优点，在制备光学器件和光电设备领域展现出了潜在的应用前景[40]。除此以外，MOFs材料具有良好的结构稳定性，能很好地保护其孔道中的客体分子。2011年，J. An等[41]利用锌离子与联苯二甲酸和腺嘌呤自组装得到孔道中带负电荷的Bio-MOF-1。随后将Eu^{3+}离子、Tb^{3+}离子、Sm^{3+}离子引入该配合物的孔道，置换孔道中的铵根正离子，使得稀土离子被该配合物敏化，进而实现了对材料荧光颜色的成功调控(图6-5)。

6.4　分析体系的构建

6.4.1　检测抗生素金霉素

6.4.1.1　Zn-BTEC的制备

本节设计了一种Zn-BTEC的有机骨架，并且用于特异性识别金霉素。该材料本身没有荧光，但是可以极大地增强金霉素的发光。当金霉素组装到材料的孔径中并进一步聚集时，表现出很强的荧光增强现象。据我们所知，这是首次将基于锌的金属有机骨架应用于基于聚集诱导发射机制的荧光开启的抗生素检测。有趣的是，Zn-BTEC可以通过表现出特殊

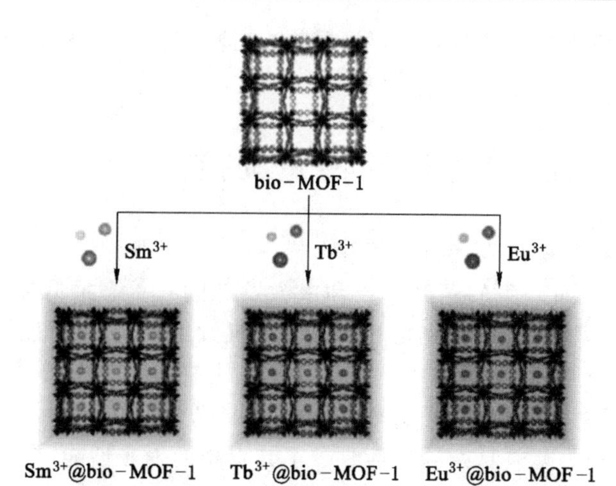

图 6-5　Bio-MOF-1 敏化镧系离子：通过将 Ln^{3+} 并入 Bio-MOF-1 的框架中并被其框架敏化中的示意图[41]

的荧光发射波长和降解特性来区分金霉素与其他四环素抗生素。探针 Zn-BTEC 进一步应用于测定包括鱼和尿在内的实际样品中的 CTC，具有良好的灵敏度和选择性。

(1) Zn-BTEC 的合成

将 2.5 mmol 的苯四羧酸与 2.5 mmol 纳米氧化锌加入 10 mL 的 DMF 与 1 mL 的超纯水中。然后将混合溶液超声溶解，转移至聚四氟乙烯反应釜中，在 180 ℃条件下高温反应 3.5 d。反应结束后，将粗产品通过水洗，乙醇清洗 3 遍，然后放入真空干燥箱，在 40 ℃下真空干燥 3 d。

(2) 探针对金霉素的响应

在 pH 值为 8 的 Tris-HCl 缓冲液中测试了探针(Zn-BTEC)对金霉素的响应。具体步骤是：将 300 μL(1 mg/mL)的 Zn-BTEC 加入 1.7 mL 的 Tris-HCl 缓冲液，然后将不同体积但浓度相同的金霉素(1 mM)加入配置好的探针溶液中，得到的金霉素的最终浓度依次为 0 μM，0.3 μM，0.5 μM，1 μM，1.5 μM，2 μM，3 μM，4 μM，5 μM，6 μM，7 μM，8 μM。发射光谱的扫描范围是 400～750 nm，激发波长为 365 nm。

(3) 在四环素中特异性识别金霉素

将相同浓度的金霉素、多西环素、四环素、土霉素和二甲胺四环素加入最优条件下的探针溶液中，测试了探针对四环素类抗生素的响应。并且将加入四环素类抗生素的探针溶液孵化 2 h 后再次进行光谱测量。

(4) 对其他生物试剂与金属离子的响应

为了考察实验的抗干扰性，选择了几种常用的生物试剂和金属离子作为共存物质。主要考察了氯霉素(CLP)、硫酸卡那霉素(KMS)、硫酸链霉素(SMS)、青霉胺(MPA)、氨苄西林(AMP)、二甲胺四环素(MOC)、多西环素(DOX)、四环素(TC)、土霉素(OTC)、金霉素(CTC)、抗坏血酸(Vc)、组氨酸(His)和丙氨酸(Ala)等生物试剂以及常见的金属离子。

(5) 对鱼肉的实样检测

新鲜的鲫鱼是从本市的超市买来的。采用均质法制备了两种样品，取 5 克鲫鱼，分别加入 0.010 2 g 和 0.005 1 g 的金霉素，于 20 mL 甲醇中高速搅拌破碎。然后离心取上层清液，金霉素样品的最终浓度为 1 mM 和 0.5 mM。然后进行加样检测。

6.4.1.2 结果与讨论

(1) 材料的结构表征

对材料进行了扫描电子显微镜、X 射线粉末衍射、傅立叶红外光谱、X 射线光电子能谱分析。由 SEM 与 XRD 数据可知：材料的结晶度很高；材料由层状的薄片堆叠而成，大小为几个微米左右。由红外光谱的双峰振动可以得出：Zn 与配体苯四羧酸成功结合。然后由 XPS 的分峰拟合过程进一步证明了材料的结构。为了进一步确定材料的组成，我们还对材料进行了元素分析，确定了 C、N、O 的组成，并且通过 IPC 确定了 Zn 的含量。最终确定了 C、O、Zn 的物质的量之比为 0.227、0.454、0.288。

(2) 实验条件优化

为了进一步优化实验条件，测试了不同 pH 值对金霉素单独存在情况下的影响。当 pH 值为 8 时，为最近的 pH 值。因为此时金霉素起始几乎没有荧光，水解 2 h 后，左边产生的峰也比较强，所以最终确定 pH 值为 8 为最近的反应条件。

(3) 探针的光学性质

为了考察探针的实际应用潜力，对探针的稳定性进行了探究，并且在最佳条件下测试了金霉素，以及探针本身加入金霉素前后的紫外光谱和荧光光谱，发现探针有很好的光稳定性。

(4) 探针对金霉素的荧光响应

在最优条件下测试了荧光探针对金霉素的响应(pH 值为 8，Tris-HC)。实验结果与预期设计的实验基本保持一致，在固定的臭氧探针溶液中逐渐增大臭氧水的浓度，探针溶液的荧光强度逐渐增大。荧光强度与金霉素浓度在 0～8 μM 范围内呈现良好的线性关系，相关系数为 0.998。检测限是根据三次空白信号的标准偏差定义所测得的，结果为 28 nm。实验结果表明该探针十分灵敏，达到了预期效果。

(5) 四环素分子结构的高度相似性

在四环素中特异性识别金霉素(CTC)难度很大，因为它们的分子结构具有高度的相似性，如图 6-6 所示。

(6) 从四环素分子中特异性识别金霉素

由测试结果可以发现：探针识别金霉素的荧光发射峰位在 540 nm，而对于多西环素、土霉素、四环素的发射位点在 530 nm 左右，二甲胺四环素没有响应。为了进一步区别金霉素与其他抗生素的差别，将探针与四环素共存孵化 2 h 后再一次进行荧光光谱测试。结果显示，之后与金霉素共存的荧光探针会在 446 nm 处产生一个新的荧光峰。

(7) 探针对金霉素的干扰性实验

为了探究荧光探针对金霉素的检测的特异性，研究了多种生物试剂以及金属离子对探针的影响。例如氯霉素(CLP)、硫酸卡那霉素(KMS)、硫酸链霉素(SMS)、青霉胺(MPA)、氨苄西林(AMP)、二甲胺四环素(MOC)、多西环素(DOX)、四环素(TC)、土霉素(OTC)、金霉素(CTC)，K^+，Na^+，Mg^{2+} 等对探针选择性测定。加入其他的生物试剂或者金属离子探针基本没有影响，不会“开启”荧光，相反加入金霉素之后荧光得到很大的增强。

(8) 鱼样中的回收实验

为了探究金霉素探针的实际应用效果，对探针进行了鱼样的回收实验探究，结果见

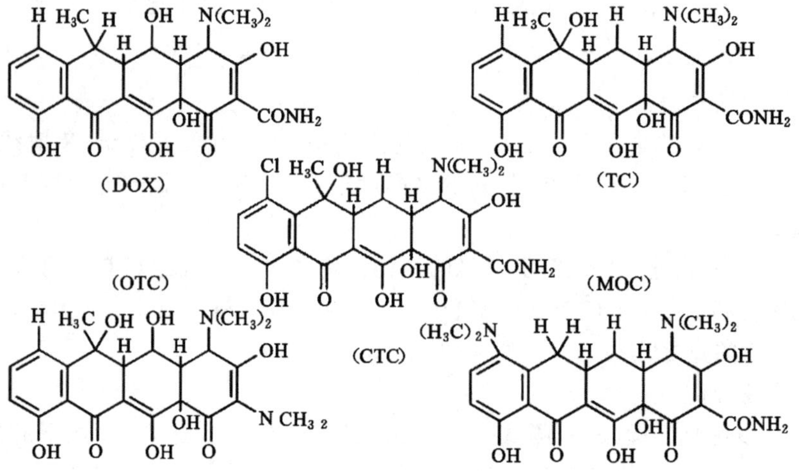

图 6-6 四环素分子结构示意图

表 6-1，探针的检测结果满足测试的基本要求，精确度较高。

表 6-1 鱼样品中回收实验

样品	添加浓度/μM	检测浓度/μM	回收率/%	RSD(n=3)/%
鱼样品	2	2.17	108.5	1.4
	4	4.29	107.2	4.3

(9) 可视化检测金霉素

为了更加便携快速地识别一定浓度范围内残留的金霉素，设计了一种试纸传感器，用于半定量检测金霉素。

(10) 探针检测金霉素的识别机理

为了探究荧光探针识别金霉素的机理，测试了 Zn-BTEC 在加入金霉素前后的一系列表征。如在 pH 值为 8 的 Tris-HCl 缓冲液中，探针的 zeta 电位为－28.45 mV，加入金霉素之后，zeta 电位变为－25.56 mV。结果显示：金霉素一定程度聚集在材料上面。为了排除 pH 值对金霉素的影响，在纯的甲醇溶液中做了测试。结果显示：在纯甲醇溶液中探针对金霉素的响应同样十分优异。为了探究材料与金霉素是否发生了结构与价态的变化，进一步探究反应前后的红外光谱、XPS。红外光谱显示：Zn-BTEC 在加入金霉素后的红外谱图，仅是金霉素本身的红外谱图与 Zn-BTEC 自身红外谱图的叠加，没有产生新的红外峰。从 Zn-BTEC 在加入金霉素后的 XPS 分峰中也没有发现明显的变化。

为此推测材料与金霉素没有发生化学变化，可能是金霉素进入材料的孔径中先与锌发生配位作用，然后进一步在孔径中发生聚集作用，才导致该传感现象。我们将假设的流程图用图 6-7 表示出来。为了验证金霉素在 Zn-BTEC 中发生聚集，测试了 Zn-BTEC 在加入金霉素前后的比表面积。结果显示：在未加入金霉素时，材料的比表面积为 31.17 m^2/g，加入金霉素之后，比表面积变为 22.93 m^2/g。该结果与我们的猜想保持一致，比表面积的减小，正是金霉素聚集在孔径中导致的。

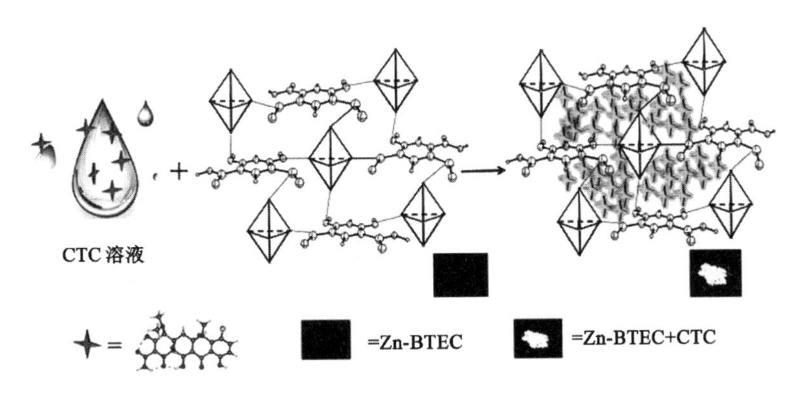

图 6-7 Zn-BTEC 与金霉素作用的机理流程图

6.4.1.3 小结

合成了一种新型的苯四羧酸 MOF，并在聚集诱导发射的基础上应用于金霉素的灵敏检测。该机制基于金霉素和 Zn-BTEC 之间的独特的相互作用，化合物金霉素组装成刚性 MOF 框架和聚集体，从而导致荧光增强。在缓冲溶液中获得 28 nM 的良好检测限，优于许多其他报道的方法。该方法还用于测定鱼的实际样品中的金霉素。这项工作充分利用了 MOF 的特殊性能和优异的性能，推动了分析和材料研究领域的进一步发展。

6.4.2 检测多西环素

沸石咪唑酸酯骨架(ZIF)是 MOF 材料的子类别，具有极高的热稳定性和化学稳定性。可以观察到沸石咪唑结构是超分子配位化合物，具有发光特征以及标准的晶体结构。本探针基于上述沸石咪唑酸盐骨架进行了修饰，以提供识别位点以显示对污染物的特异性识别[42-44]。已报道了几种用于探测的荧光探针。例如，基于结合染料的沸石咪唑酸酯骨架对水中的硝基呋喃和四环素进行高发光检测[45]；基于尿素@ZIF-8 复合物快速灵敏地检测无机磷酸盐[46]；定制的项链状 Ag@ZIF-8 核/壳异质结构纳米线，用于高性能等离子 SERS 的检测[47]；在离子液体功能化的 RGO/ZIF-8 纳米复合修饰电极上检测多巴胺[17]。

6.4.2.1 合成探针

实验方案根据参考文献进行了创新和改进[48]。为了摆脱处理溶剂条件的复杂性，选择使用基于高温和高压环境的反应器，将 0.05 g ZnO、0.05 g 2-甲基咪唑和 0.05 g 六水合氯化铕($EuCl_3 \cdot 6H_2O$)置于 25 mL 的烧杯中。将 2 mL 无水乙醇和 10 mL 二甲基甲酰胺(DMF)混合，并加入烧杯，随后超声处理 10 min 可确保完全溶解，这是分子框架均质化的一部分。将均质的液体倒入 50 mL 的聚四氟乙烯反应器中，并放入烘箱中。设定温度为 180 ℃，保持 3 d。依次用超纯水和无水乙醇洗涤洗涤，真空干燥 24 h，直到肉眼可见完全固态。然后将其配置为 1 mg/mL 溶液备用。

依次包含 0.05 g 2-甲基咪唑、0.05 g ZnO、2 mL 无水乙醇和 10 mL DMF 作为实验化学品。除了缺少 $EuCl_3 \cdot 6H_2O$ 以外，实验步骤的操作程序与上述相同，以保持横向性能比较和纵向检测机制探索。然后进行称重、超声处理、合成、加工和干燥，以获得最终产品 ZIF，然后配置为 1 mg/mL 储备液。

检测多西环素。在最佳条件下(10 mM Tris-HCl 缓冲液,pH=8)进行 DOX 和 ZIF-Eu 相互作用后的荧光响应。首先,在 2 mLTris-HCl 缓冲液中加入 50 μL 超纯水,形成 ZIF-Eu 探针储备液(1 mg/mL),最终的探针溶液浓度为 0.025 mg/mL。然后,将不同体积的 DOX 添加到上述溶液中得到最终混合物,其 DOX 浓度分别为 0、1 μM、2 μM、3 μM、4 μM、5 μM、6 μM、7 μM、8 μM 和 9 μM。荧光检测方法:使用 365 nm 激发波长,以 1 200 nm/min 的扫描速率测定 ZIF-Eu 探针和 DOX 的混合液在 400～700 nm 范围内的荧光光谱,除非另有说明,否则所有测定荧光光谱要等待 20 min。

四环素家族的其他抗生素(包括 TC、OTC 和 CTC)具有与 DOX 相似的基本结构。但是,材料 ZIF-Eu 对 TC 中的 DOX 表现出良好的特异性。为了进行比较,在相同条件下孵育 20 min(Tris-HCl 缓冲液,pH=8)后,在 TC(5 μM)、OTC(5 μM)、CTC(5 μM)和 DOX(5 μM)存在情况下获得 ZIF-Eu(0.025 mg/mL)的荧光光谱。

抗坏血酸(Vc),L-青霉胺(LPA),硫酸链霉素(SMS),硫酸卡那霉素(KMS),氨苄青霉素(AMP),氯霉素(CLP),组氨酸(His)和丙氨酸(Ala),Na^+,Zn^{2+},Fe^{3+},Cu^{2+} 和 Mg^{2+} 作为共存物质。生物试剂、金属离子和 DOX 的浓度均为 5 μM,然后记录荧光光谱。

将购买的实验土壤用研钵研磨并干燥。然后,在烧杯中将 5 g 实验土壤和 0.05 g DOX 混合,并添加 10 mL 超纯水,然后用磁力搅拌器均匀搅拌 10 h 后静置 2 h,置于冷冻干燥机中 3 d,然后取出固体样品使用。在 KBr 粉末存在的背景下,添加少量的 DOX 负载的土壤并顺时针均匀研磨,然后选择固体压片机施加 1.5 t 的压力,直到形成透明片为止。依次将 Tris 缓冲液(pH=8)、10 μL 本发明探针储备液(1 mg/mL)和 5 μL DOX(1 mM)添加到比色皿中,并进行可视化处理。放置约 15 min 后在紫外线灯下观察。

6.4.2.2 结果与讨论

(1) 材料表征

ZIF-Eu 是由 180 ℃温度条件下将包含 2-甲基咪唑、纳米 ZnO 和 $EuCl_3 \cdot 6H_2O$ 的实验药品在 DMF/C_2H_5OH(10 mL/2 mL)混合溶剂加热 3 d 合成得到的。相比较之下,在与 ZIF-Eu 相同的条件下,还使用 2-甲基咪唑与纳米 ZnO 之间的溶剂热反应制备 ZIF。使用扫描电子显微镜(SEM)以评估 ZIF-Eu 的形态学细节[图 6-8(a)]。结果表明:在 Eu 配位后产生的 ZIF-Eu 实际显微图像保持了具有光滑表面的多面棱柱结构;在 500 nm 横向深度处存在清晰可见的棱柱晶体。ZIF 和 ZIF-Eu 的粉末 X 射线衍射(PXRD)分析显示出相应的图谱,证实形成了不同于 ZnO 或 ZnO 和 2-甲基咪唑的混合物的新晶面结构[图 6-8(b)][49]。

为了证明成功掺杂 Eu 元素,还进行了 XPS 分析。元素分析表明:ZIF-Eu 包含 4 种主要化学元素 C、O、N、Zn、Eu,质量含量比分别为 0.14、0.14、0.04、0.30、0.37,表明 Eu 是有序排列的。如图 6-8(c)所示,C 1s 谱图显示了 2 个集中在 285.05 eV 和 289.38 eV 的峰。在 531.88 eV 的峰属于 2-甲基咪唑酸酯基团的氧原子。出现在 1 044.88eV 和 1 021.78 eV 的 2 个峰分别可归因于 Zn $2p^1$ 和 $2p^3$[50]。可以将 1 134.78 eV 处的峰分配给 Eu 3d[51]。以上结果表明:已根据典型的 Eu 官能化峰成功制备了 Eu 掺杂 ZIF。为了进一步研究 ZIF-Eu 的多孔结构性能,通过 BET 测量显示了氮吸附-解吸等温线。得到的比表面积为 568 m^2/g,接近类似的 ZIF 材料[图 6-8(d)][52-53]。根据计算,ZIF-Eu 的主要孔径约为 20 nm,等温解吸时,其大小足以使其他分子进出孔隙空间。此外,FTIR 分析证实 ZIF-Eu

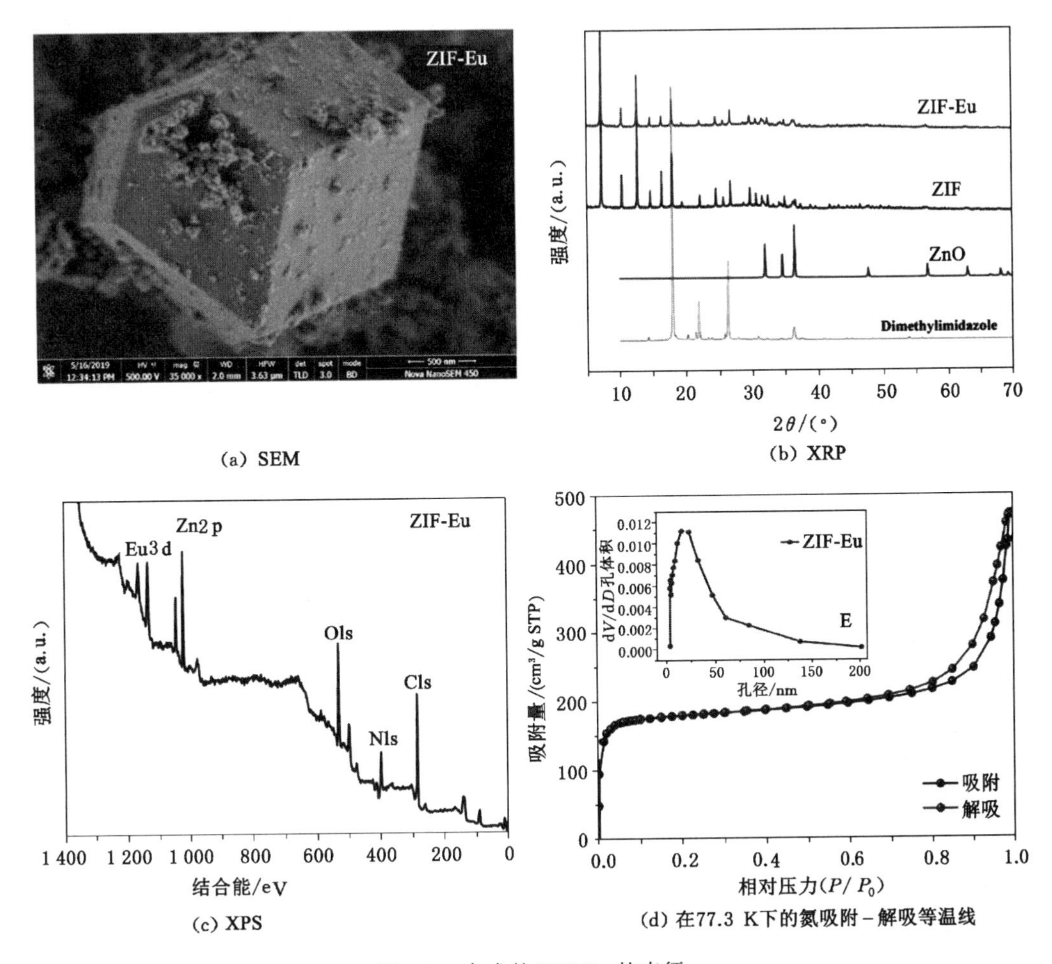

图 6-8　合成的 ZIF-Eu 的表征

结构中存在 2-甲基咪唑基团。在 1 688 cm^{-1} 处可以观察到 C=N 组的拉伸振动。$—CH_3$ 组的振动吸收值对应于 2 929 cm^{-1}。1 450 cm^{-1} 处峰归属于咪唑的 C=C 双键[54]。在 0～650 ℃区间范围内以 10 ℃/min 的温度升高速率进行热重(TG)分析。假设完全去除了有机成分(2-甲基咪唑),骨架结构的分解始于 369 ℃,TG 曲线显示总质量损失为 51%。结论是:高温环境在短期内不会在一定程度上改变材料的刚性结构,这可能允许在极端环境中进行传感应用[55]。

(2) 探针对 DOX 的识别

ZIF-Eu 材料在超纯水和 tris 缓冲溶液中的发射波长为 420 nm,显示弱的荧光强度,有利于灵敏检测。荧光强度与 Tris-HCl 缓冲液(pH 值为 8)中 ZIF-Eu 的浓度呈线性关系。当暴露于 DOX 时,ZIF-Eu 在超纯水中的 500 nm 处显示出强烈的荧光发射峰,而在 Tris 缓冲液中在 615 nm 和 420 nm 处产生比例荧光。然后,在 Tris 缓冲液 ZIF-Eu 对 DOX 具有荧光传感性能,由于双发射强度比与探针浓度无关,因此该体系可提供较好的定量分析能力。此外,在 Tris 缓冲溶液中,研究了变化的 pH 值条件下材料 ZIF-Eu 的耐酸和耐碱的性能。发现 pH 值对 ZIF-Eu 的荧光没有特异性影响,因此进一步证实了该材料的固有稳定性。为了评估 ZIF-Eu 对 DOX 的传感性能，首先研究了荧光响应时间。可以清楚地看到，直到响应终点位置可量化之前，ZIF-Eu 和 DOX 之间会有 20 min 的延迟孵育时间。在温育期结束时，在 2 h 内验证了稳定性，并且该比率保持在恒定范围内。连续一个月每天测量在 420 nm 峰值处以 1 mg/mL 的浓度存储在超纯水中的 ZIF-Eu 储备溶液的荧光光谱，ZIF-Eu 的储备溶液的荧光发射强度至少一个月都保持不受干扰，表明其良好的稳定性和应用可靠性。实际上，然后在 20 min 的孵育时间后记录 ZIF-Eu 在不同浓度时对 DOX 的荧光响应。本例中，ZIF-Eu 的浓度为 0.025 mg/mL，DOX 的范围为 0～9 μM。显然，随着 DOX 的添加，420 nm 处的荧光强度保持不变，而 615 nm 处的发射逐渐增加，这在荧光强度比(F_{615}/F_{420})和 DOX 浓度之间具有良好的线性关系($R^2=0.994$)。加入 Tris-HCl 缓冲液(pH 值为 8)中，同时在黑暗中在 365 nm 紫外线灯照射下，溶液的荧光颜色从蓝色变为红色，肉眼能够清楚看到。根据三倍空白信号偏差(3σ)的定义，估计了良好的检测限(LOD)为 49 nM，这与 Eu 功能化 MOF 材料的检测限相当。随后，在 1～8 μM 的浓度范围内证明了 DOX 的弱荧光光谱。同时探索了 DOX 的紫外吸收标准光谱和荧光光谱。DOX 的吸收光谱显示了在 Tris-HCl 缓冲溶液(pH 值为 8)中具有极好的溶解性和分散性。

(3) 机理研究

作为对照，合成了 ZIF 材料，以探索其对 DOX 的响应，结果表明几乎没有观察到任何荧光变化。420 nm 处的荧光是材料 ZIF 的固有特性，但是 615 nm 处的典型发射峰确实来自 Eu 官能化的 ZIF 与 DOX 的特殊响应。此外，对 ZIF-Eu(0.025 mg/mL)与 DOX(5 μM)反应的混合物离心分离得到的上清液的荧光分析表明：在 500 nm 处仅观察到轻微的荧光增强，这可能归因于 DOX，表明 Eu 和 ZIF 紧密结合，并且 DOX 被 ZIF-Eu 吸附，没有游离的 Eu 离子从材料中逸出，形成荧光 Eu-DOX 络合物。

分别评估了存在 DOX 时 ZIF-Eu，DOX 和 ZIF-Eu 的紫外可见吸收光谱。DOX 的紫外线吸收峰在 359 nm 处，显然，材料 ZIF-Eu 本身未显示明显的紫外线吸收。加入 DOX 后，ZIF-Eu 在 380 nm 处显示出强吸收峰，且强度增大，表明产生了新物质，即 Eu-DOX 络合物。同时，在 0～20 min 内，在 DOX 存在下，通过 ZIF-Eu 的紫外可见吸收光谱研究了该过程。可以看出：在开始的 10 min 内，DOX 在 274 nm 处的特征吸收峰值呈下降趋势，在 380 nm 处的特征峰，即 DOX 与 ZIF-Eu 的结合峰呈上升趋势。在最后的 10 min 内，在 274 nm 处的特征吸收峰值继续下降，这表示抗生素含量下降，而在 380 nm 处 DOX 和 ZIF-Eu 的特征吸收峰值却变成了下降趋势，这可能是由于 DOX 和 ZIF-Eu 配合物发生了光降解，从而导致在 380 nm 处 DOX 和 ZIF-Eu 混合物的特征吸收值变成了下降趋势。在 pH 值为 8 条件下，对添加或不添加 DOX 的探针 ZIF-Eu 进行 zeta 电位的测量，并分析粒度。ZIF-Eu 自身的 zeta 电位为－22.8 mV，并且平均尺寸保持在 1 020.5 nm。通过添加 DOX，可以观察到探针溶液的 Zeta 电位急剧上升至－20.4 mV，粒径为 1 606 nm。分子或分散的粒子越小，zeta 电位的绝对值越高，并且观察到的体系越稳定。相反，电位的绝对值越低，聚集的可能性就越大[56]。以上数据合理地解释了 MOF 材料不稳定。结果表明：ZIF-Eu 的三维结构可以同时容纳 DOX 和分子团聚。由于 DOX 分子在孔中的吸附，与 DOX 相互作用后，比表面积降至 265 m^2/g。

Eu 镧系元素的选择基于以下事实：几乎所有镧系元素发射跃迁的寿命都约为数百微秒，这阻止了它们在需要快速发射的应用中的使用。通常通过使用天线接头来实现有机金属络合物中有效的镧系元素发光现象，该接头有效地将通过光子吸收获得的能量转移到络合物中的Eu离子上。据报道，绝大多数基于发光镧系元素的金属有机骨架都包含Eu(Ⅲ)或Tb(Ⅲ)结构。但是，在许多情况下，骨架的自发荧光被忽略了。其次，红色和绿色发射在视觉和实际应用中都更具有吸引力，因为许多其他镧系元素，尤其是由Er、Gd、Nd产生的镧系元素，无法使用标准荧光计检测到[57-58]。

从概念上讲，金属和有机复合物为发光型发光二极管提供了支柱框架，由于金属配位链的刚性增大，通常还导致非辐射衰减率降低和发光基团荧光强度增大[59-60]。复杂的ZIF-Eu表现出很强的荧光发射带，最大发射波长为420 nm，激发波长为365 nm[61]。DOX和Eu的组合紧密耦合，以在420 nm和615 nm处实现双峰识别，DOX和Eu的二酮结构之间的能量共振转移产生了新的峰值。该结果表明：该络合物是通过ZIF-Eu表面上的DOX与Eu的化学配位形成的，而Eu的发射是DOX向Eu的分子内能量转移引起的[62]。在连接子与识别基团之间发生强振动耦合的情况下，从更易接近的连接子激发态到适当金属能级的直接能量转移可导致发光度大幅增大，并且常用的镧系元素离子Eu(Ⅲ)具有很强的红色发光区域。在涉及Eu(Ⅲ)的配合物中，$^5D_0-^7F_J$跃迁序列是最容易观察到的跃迁，而$^5D_0-^7F_2$和$^5D_0-^7F_1$跃迁是最强的并且对结构确定和感测最有用[63-64]。磁偶极子不受本地环境的影响，这是由材料稳定性的内部机制所揭示的。可见使用ZIF-Eu作为荧光探针对DOX的传感具有很好的选择性。

(4) 选择性

由于几种四环素的结构相似，有必要探索该材料在相同条件下对其他抗生素的反应。ZIF-Eu与各种四环素的混合物对于TC产生一个在517 nm处的强峰，对于OTC产生一个在509 nm处的强峰，对于CTC产生一个在518 nm处的强峰。它们都在615 nm处有较弱的荧光突起，但总体上较强的绿色荧光占主导地位，并具有一定的持久性。从对四环素类抗生素的认识差异可以看出：只有DOX表现出强烈的结合，在相同条件下伴随着高强度发射，而四环素家族的其他抗生素并未产生显著的比例变化来影响特征识别，这可能是由于Eu对DOX的亲和力更强。值得注意的是，ZIF-Eu表现出明显的红色荧光，与其他四环素不同。因此，可以将DOX的视觉效果和荧光光谱区分开来，以达到独特检测的目的。此外，ZIF-Eu(0.025 mg/mL)对生物试剂和金属离子(包括Ala，Vc，Zn^{2+}，Cu^{2+}，Fe^{3+}，Na^{+}，Mg^{2+}，LPA，AMP，KMS，SMS和CLP)的荧光响应没有观察到显著变化，表明该探针对DOX具有比其他物种更好的选择性。

(5) 土壤固态压片

众所周知，化学肥料和抗生素已被广泛用于现代农业生产中以提高农作物产量。在生态循环之后，不仅在土壤中有残留的抗生素，还产生了高度持久的土壤积累。在实现提高农业生产率的目标的同时，土壤已经受到污染，这是人类迫切需要解决的问题[65-66]。因此，检测土壤中的抗生素具有重要意义。制备探针ZIF-Eu材料，考虑将其用于直接检测土壤样品中的DOX。参照FT-IR测试中压片的方法，制备了多种固体压片，以纯KBr作为对照，向含有不同DOX量的土壤中添加ZIF-Eu，并测试这些压片的荧光光谱。可以看出：在快速、准确的定性分析中，含有DOX的土壤在ZIF-Eu存在下表现出明显的视觉差异。对固态片剂进行固态荧光光谱分析的结论与可视化效果一致。然后评估了土壤中的DOX+ZIF-Eu的固体压片荧光光谱。可以看出：随着土壤中DOX混合量的增大，荧光强度逐渐增大。结果表明:ZIF-Eu 材料可用于土壤中 DOX 的传感。

(6) 在水体中的去除

基于 DOX 和 ZIF-Eu 的特殊响应,进一步研究了这种材料是否可以用于去除水中的抗生素,这对于确保水的安全至关重要。考虑到材料自身的重力,当水吸附且结合在 ZIF-Eu 上时,可以采用物理手段去除水中的 DOX[37]。此处,使用离心机对 ZIF-Eu 和 DOX 之间形成的络合物以 8 000 r/min 进行强力离心 3 min,并从 ZIF-Eu 离心后的上清液和沉淀物中获得荧光光谱,结果表明上清液和沉淀物之间存在显著差异,这证实了从水环境中去除 DOX 的一定有效性。接下来,在将 ZIF-Eu 和 DOX 离心后,从上清液获得紫外吸收值。基本而言,DOX 在约 15 min 后达到 91%的去除效率,而在 20 min 后其去除效率稳定在 92%,这与 Eu 络合物的荧光响应时间相对应。接下来,对于不同浓度的 DOX 吸附实验,选择 30 min 的结合时间,并测量离心前后的吸光度值,显示出良好的吸附效果。

(7) 探针的可重复利用性

选择溶剂交换法作为该材料的再生方法[38]。ZIF-Eu 和 DOX 在溶液中充分混合并搅拌,以吸附和结合。将完全干燥的探针 ZIF-Eu(10 mg)和抗生素 DOX(2 mg)固体添加到 8 mL Tris 缓冲液中以模拟测试环境,然后静置 2 h。用于测量的材料 ZIF-Eu 用乙醇洗涤,并在室温下均匀磁力搅拌浸入长达 12 h。为了确保数据在恢复方面的准确性,设置了 3 组平行实验并行控制,以平均值作为参考标准。在操作之前,将 ZIF-Eu 在真空烘箱中于 60 ℃干燥 12 h 以上。取出浸泡的产物,进行超声波处理(10 min/25 ℃),离心分离(5 min/5 000 r),并用甲醇洗涤,重复上述操作 5 次,并将湿产物在真空中真空干燥,在 60 ℃中持续 48 h 以去除残留物。将真空干燥后获得的固体再次溶解在溶剂中以通过荧光分析进行测试。直方图完全证实了 ZIF-Eu 的可重现性能。在误差范围内,该探针质量偏离原始的质量不大,并且将其重新配制 ZIF-Eu 溶液后的荧光仍不受影响。与此同时,重新配制的探针对 DOX 的荧光响应也未受影响。

6.4.2.3 小结

合成了铕配位 ZIF 框架作为用于识别 DOX 应用的比率荧光探针。它具有以下特性:(1) 对 DOX 具有一定的分析特异性,其荧光峰位于 615 nm 处。(2) 可以一步完成水中 DOX 的检测与去除,并且可重复使用;(3) 土壤压片后关于固态原位荧光识别的探索已取得进展。该策略将开辟新途径,以基于 ZIF 骨架构建新设备,便携式检测和定量分析环境样品中的分析物,成为抗生素分子识别的理想选择。

参考文献

[1] STEPHENS D J,ALLAN V J. Light microscopy techniques for live cell imaging[J]. Science,2003,300(5616):82-86.

[2] ZIPFEL W R, WILLIAMS R M, WEBB W W. Nonlinear magic: multiphoton microscopy in the biosciences[J]. Nature biotechnology,2003,21(11):1369-1377.

[3] LI J R, ZHOU H C. Metal-organic hendecahedra assembled from dinuclear paddlewheel nodes and mixtures of ditopic linkers with 120 and 90° bend angles[J]. Angewandte chemie international edition,2009,48(45):8465-8468.

[4] LI J R, ZHOU H C. Bridging-ligand-substitution strategy for the preparation of metal-organic polyhedra[J]. Nature chemistry, 2010, 2(10): 893-898.
[5] LI J R, YAKOVENKO A A, LU W G, et al. Ligand bridging-angle-driven assembly of molecular architectures based on quadruply bonded Mo-Mo dimers[J]. Journal of the American chemical society, 2010, 132(49): 17599-17610.
[6] LI H L, EDDAOUDI M, O'KEEFFE M, et al. Design and synthesis of an exceptionally stable and highly porous metal-organic framework[J]. Nature, 1999, 402(6759): 276-279.
[7] EDDAOUDI M, KIM J, ROSI N, et al. Systematic design of pore size and functionality in isoreticular MOFs and their application in methane storage[J]. Science, 2002, 295(5554): 469-472.
[8] CHUI S S, LO S M, CHARMANT J P, et al. A chemically functionalizable nanoporous material[J]. Science, 1999, 283(5405): 1148-1150.
[9] FARHA O K, SHULTZ A M, SARJEANT A A, et al. Active-site-accessible, porphyrinic metal-organic framework materials[J]. Journal of the American chemical society, 2011, 133(15): 5652-5655.
[10] FARHA O K, WILMER C E, ERYAZICI I, et al. Designing higher surface area metal-organic frameworks: are triple bonds better than phenyls? [J]. Journal of the American chemical society, 2012, 134(24): 9860-9863.
[11] FARHA O KÖZGÜR YAZAYDIN A, ERYAZICI I, et al. De novo synthesis of a metal-organic framework material featuring ultrahigh surface area and gas storage capacities[J]. Nature chemistry, 2010, 2(11): 944-948.
[12] GUO Z Y, WU H, SRINIVAS G, et al. A metal-organic framework with optimized open metal sites and pore spaces for high methane storage at room temperature[J]. Angewandte chemie, 2011, 123(14): 3236-3239.
[13] HE Y B, ZHANG Z J, XIANG S C, et al. A robust doubly interpenetrated metal-organic framework constructed from a novel aromatic tricarboxylate for highly selective separation of small hydrocarbons[J]. Chemical communications (Cambridge, England), 2012, 48(52): 6493-6495.
[14] HE Y B, ZHANG Z J, XIANG S C, et al. A microporous metal-organic framework for highly selective separation of acetylene, ethylene, and ethane from methane at room temperature[J]. Chemistry, 2012, 18(2): 613-619.
[15] HE Y B, ZHANG Z J, XIANG S C, et al. High separation capacity and selectivity of C2 hydrocarbons over methane within a microporous metal-organic framework at room temperature[J]. Chemistry, 2012, 18(7): 1901-1904.
[16] SUN D F, COLLINS D J, KE Y X, et al. Construction of open metal-organic frameworks based on predesigned carboxylate isomers: from achiral to chiral nets[J]. Chemistry, 2006, 12(14): 3768-3776.
[17] SUN D F, KE Y X, COLLINS D J, et al. Construction of robust open Metal-Organic

frameworks with chiral channels and permanent porosity[J]. Inorganic chemistry, 2007,46(7):2725-2734.

[18] SUN D F,MA S Q,SIMMONS J M,et al. An unusual case of symmetry-preserving isomerism[J]. Chemical communications (Cambridge, England), 2010, 46 (8): 1329-1331.

[19] SUN D F,MA S Q,KE Y X,et al. An interweaving MOF with high hydrogen uptake [J]. Journal of the American chemical society,2006,128(12):3896-3897.

[20] LIN X, TELEPENI I, BLAKE A J, et al. High capacity hydrogen adsorption in Cu(Ⅱ) tetracarboxylate framework materials: the role of pore size, ligand functionalization, and exposed metal sites[J]. Journal of the American chemical society, 2009, 131(6):2159-2171.

[21] CHEN B L,JI Y Y,XUE M,et al. Metal-organic framework with rationally tuned micropores for selective adsorption of water over methanol[J]. Inorganic chemistry, 2008,47(13):5543-5545.

[22] CHEN B L,MA S Q,HURTADO E J,et al. Selective gas sorption within a dynamic metal-organic framework[J]. Inorganic chemistry,2007,46(21):8705-8709.

[23] CHEN B L,MA S Q,HURTADO E J,et al. A triply interpenetrated microporous Metal-Organic framework for selective sorption of gas molecules[J]. Inorganic chemistry,2007,46(21):8490-8492.

[24] CHEN B L,MA S Q,ZAPATA F,et al. Rationally designed micropores within a metal-organic framework for selective sorption of gas molecules[J]. Inorganic chemistry,2007,46(4):1233-1236.

[25] CHEN B L,MA S Q,ZAPATA F,et al. Hydrogen adsorption in an interpenetrated dynamic metal-organic framework[J]. Inorganic chemistry,2006,45(15):5718-5720.

[26] HAYASHI H,CÔTÉA P,FURUKAWA H,et al. Zeolite A imidazolate frameworks [J]. Nature materials,2007,6(7):501-506.

[27] QI Y,LUO F,CHE Y X,et al. Hydrothermal synthesis of Metal? Organic frameworks based on aromatic polycarboxylate and flexible bis(imidazole) ligands[J]. Crystal growth & design,2008,8(2):606-611.

[28] WANG C,XIE Z G,DEKRAFFT K E,et al. Doping metal-organic frameworks for water oxidation,carbon dioxide reduction,and organic photocatalysis[J]. Journal of the American chemical society,2011,133(34):13445-13454.

[29] POLSHETTIWAR V,VARMA R S. Aqueous microwave chemistry: a clean and green synthetic tool for rapid drug discovery[J]. Chemical society reviews, 2008, 37(8):1546-1557.

[30] JIN K,HUANG X Y,PAN L,et al. Cu(I)(bpp)] BF4: the first extended coordination network prepared solvothermally in an ionic liquid solvent[J]. Chemical communications (Cambridge,England),2002(23):2872-2873.

[31] SON W J,KIM J,KIM J,et al. Sonochemical synthesis of MOF-5[J]. Chemical

communications (Cambridge,England),2008(47):6336-6338. [PubMed]

[32] ALLENDORF M D,BAUER C A,BHAKTA R K,et al. Luminescent metal-organic frameworks[J]. Chemical society reviews,2009,38(5):1330-1352.

[33] CUI Y J,YUE Y F,QIAN G D,et al. Luminescent functional metal-organic frameworks[J]. Chemical reviews,2012,112(2):1126-1162.

[34] ALBRECHT C. Joseph R. lakowicz: principles of fluorescence spectroscopy, 3rd edition[J]. Analytical and bioanalytical chemistry,2008,390(5):1223-1224.

[35] GUARDIGLI M. Markus Sauer, Johan Hofkens, et al. Handbook of fluorescence spectroscopy and imaging: from ensemble to single molecules[J]. Analytical and bioanalytical chemistry,2012,403(1):1-2.

[36] GAO W Y,CHRZANOWSKI M,MA S Q. Metal-metalloporphyrin frameworks: a resurging class of functional materials[J]. Chemical society reviews,2014,43(16):5841-5866.

[37] ZHU Q L,XU Q. Metal-organic framework composites[J]. Chemical society reviews,2014,43(16):5468-5512.

[38] CUI Y,CHEN B, QIAN B. Lanthanide metal-organic frameworks for luminescent sensing and light-emitting applications[J]. Coordination chemistry reviews, 2014, 273/274:76-86.

[39] HU Z C,DEIBERT B J,LI J. Luminescent metal-organic frameworks for chemical sensing and explosive detection [J]. Chemical society reviews, 2014, 43 (16): 5815-5840.

[40] SUN C Y,WANG X L,ZHANG X,et al. Efficient and tunable white-light emission of metal-organic frameworks by iridium-complex encapsulation[J]. Nature communications,2013,4:2717.

[41] AN J,SHADE C M,CHENGELIS-CZEGAN D A,et al. Zinc-adeninate metal-organic framework for aqueous encapsulation and sensitization of near-infrared and visible emitting lanthanide cations [J]. Journal of the American chemical society, 2011, 133(5):1220-1223.

[42] BUX H,LIANG F Y,LI Y S,et al. Zeolitic imidazolate framework membrane with molecular sieving properties by microwave-assisted solvothermal synthesis [J]. Journal of the American chemical society,2009,131(44):16000-16001.

[43] HUANG X C,LIN Y Y,ZHANG J P,et al. Ligand-directed strategy for zeolite-type metal-organic frameworks:zinc(II) imidazolates with unusual zeolitic topologies[J]. Angewandte chemie international edition,2006,45(10):1557-1559.

[44] BANERJEE R,PHAN A, WANG B, et al. High-throughput synthesis of zeolitic imidazolate frameworks and application to CO_2 capture [J]. Science, 2008, 319(5865):939-943.

[45] ZHANG Y-Q,WU X-H, MAO S,et al. Highly luminescent sensing for nitrofurans and tetracyclines in water based on zeolitic imidazolate framework-8 incorporated

with dyes[J]. Talanta,2019,204:344-352.

[46] LI H H,FU F X,YANG W T,et al. A simple fluorescent probe for fast and sensitive detection of inorganic phosphate based on uranine@ZIF-8 composite[J]. Sensors and actuators b chemical,2019,301:127110.

[47] LI Q Q,GONG S S,ZHANG H,et al. Tailored necklace-like Ag@ZIF-8 core/shell heterostructure nanowires for high-performance plasmonic SERS detection[J]. Chemical engineering journal,2019,371:26-33.

[48] PARK K S,NI Z,COTÉ A P,et al. Exceptional chemical and thermal stability of zeolitic imidazolate frameworks[J]. Proceedings of the national academy of sciences of the united states of America,2006,103(27):10186-10191.

[49] LIN J B,LIN R B,CHENG X N,et al. Solvent/additive-free synthesis of porous/zeolitic metal azolate frameworks from metal oxide/hydroxide[J]. Chemical communications (Cambridge,England),2011,47(32):9185-9187.

[50] YU L,CHEN H X,YUE J,et al. Metal-organic framework enhances aggregation-induced fluorescence of chlortetracycline and the application for detection[J]. Analytical chemistry,2019,91(9):5913-5921.

[51] PARK B,KIM S J,LIM J,et al. Tunable wide blue photoluminescence with europium decorated graphene[J]. Journal of materials chemistry c,2015,3(16):4030-4038.

[52] LU G,LI S Z,GUO Z,et al. Imparting functionality to a metal-organic framework material by controlled nanoparticle encapsulation[J]. Nature chemistry,2012,4(4):310-316.

[53] WU M,YE H L,ZHAO F Q,et al. High-quality metal-organic framework ZIF-8 membrane supported on electrodeposited ZnO/2-methylimidazole nanocomposite: efficient adsorbent for the enrichment of acidic drugs[J]. Scientific reports,2017,7:39778.

[54] LIU C,YAN B. Photoactive hybrid polymer films incorporated with lanthanide complexes and ZIF-8 for selectively excited multicolored luminescence[J]. European journal of inorganic chemistry,2015,2015(2):279-287.

[55] CINQUINA A L,LONGO F,ANASTASI G,et al. Validation of a high-performance liquid chromatography method for the determination of oxytetracycline,tetracycline,chlortetracycline and doxycycline in bovine milk and muscle[J]. Journal of chromatography A,2003,987(1/2):227-233.

[56] CHAKRABORTY A,LAHA S,KAMALI K,et al. in situ growth of self-assembled ZIF-8-aminoclay nanocomposites with enhanced surface area and CO2 uptake[J]. Inorganic chemistry,2017,56(16):9426-9435.

[57] CHEN B L,WANG L B,ZAPATA F,et al. A luminescent microporous metal-organic framework for the recognition and sensing of anions[J]. Journal of the American chemical society,2008,130(21):6718-6719.

[58] HARBUZARU B,CORMA A,REY F,et al. Metal-organic nanoporous structures

with anisotropic photoluminescence and magnetic properties and their use as sensors [J]. Angewandte chemie,2008,120(6):1096-1099.

[59] LI X. Blue photoluminescent 3D Zn(Ⅱ) metal-organic framework constructing from pyridine-2,4,6-tricarboxylate[J]. Inorganic chemistry communications,2008,11(8):832-834.

[60] FENG W,XU Y,ZHOU G,et al. Hydrothermal synthesis,crystal structure and strong blue fluorescence of a novel 3D coordination polymer containing copper and zinc centers linked by isonicotinic acid ligands[J]. Inorganic chemistry communications,2007,10(1):49-52.

[61] ZHAO H M,LI X J,LI W Z,et al. A ZIF-8-based platform for the rapid and highly sensitive detection of indoor formaldehyde [J]. RSC advances, 2014, 4 (69): 36444-36450.

[62] TAN H,MA C,SONG Y,et al. Determination of tetracycline in milk by using nucleotide/lanthanide coordination polymer-based ternary complex[J]. Biosensors and bioelectronics,2013,50:447-452.

[63] DEOLIVEIRA E,NERI C R,SERRA O A,et al. Antenna effect in highly luminescent Eu^{3+} anchored in hexagonal mesoporous silica[J]. Chemistry of materials,2007,19(22):5437-5442.

[64] LI X R,MA H,DENG M,et al. Europium functionalized ratiometric fluorescent transducer silicon nanoparticles based on FRET for the highly sensitive detection of tetracycline[J]. Journal of materials chemistry C,2017,5(8):2149-2152.

[65] KUPPUSAMY S, KAKARLA D, VENKATESWARLU K, et al. Veterinary antibiotics (VAs) contamination as a global agro-ecological issue:a critical view[J]. Agriculture,ecosystems and environment,2018,257:47-59.

[66] XIE W Y,SHEN Q,ZHAO F J. Antibiotics and antibiotic resistance from animal manures to soil:a review[J]. European journal of soil science,2018,69(1):181-195.